千 宗屋の和菓子十二か月

文化出版局

目次

利休忌

お花見

晩春

端午の節句

初風炉

初夏

撮影　浅井佳代子

和菓子の履歴書

千 宗屋

私の人生は和菓子とともにある、といって過言ではない。

茶の湯を生業としている以上、ほぼ毎日和菓子をいただく。お正月の初釜「都の春」に始まり、節分「法螺貝餅」、春は利休忌「利休饅」、観桜の茶会「花見団子」、端午の節句「粽《ちまき》」、初風炉のころの「葛焼き」、祇園祭は「行者餅」「したたり」、お盆ごろは「甘露竹」、秋はお月見「栗餅」、名残の茶事に「山土産」、そして炉開きには「ぜんざい」「亥の子餅」、年の瀬には温かな酒まんじゅう「虎屋饅頭」から「埋火」と、和菓子でカレンダーを作ることも可能だ。さらにその他の年中行事、日々の稽古に暮しの中での一服とその都度お菓子をいただく。

人生の節目においても同然で、例えば高校卒業の折お世話になった方々をお招きし催した茶事の際には、末富さんに蛍雪の功の逸話を下敷きにして、黄色と白の咲き分けに小豆の粒を蛍に見立てたきんとんを作っていただいたことも思い出深い。さらに二〇〇三年の後嗣号宗屋の襲名披露茶事の折、二〇一九年の結婚披露宴並びに茶会の折は、とらやさんに祝意に沿ったきんとんや福々しい宝袋をイメージしたういろう製の「招福袋・宝来袋」

を製していただいたことも記憶に新しい。

　そんな和菓子まみれ人生の私に、巻頭で和菓子の連載をせよ、とのご依頼が来たのは全くの必然だった。これまた幼少期から家に毎月届けられ慣れ親しんでいた婦人誌『ミセス』さんからのご依頼で、誌面をリニューアルするにあたって、何か日本古来のおもてなしの気持ちが表わせる、しかし現代に根づいた感覚のものをとのことでお引き受けしたのは二〇一六年の秋であった。以来二〇一七年一月の初回から四年と四か月、折々のお菓子を辿るこの仕事は、折節のそれとともに自分自身の来し方を振り返る機会ともなった。もともと母が茶席の和菓子をまとめた書籍を物して、その手伝いをしていたこともあったので選ぶお菓子のレパートリーには事欠かなかった。さらに連載の期間中にも松平不昧公の二百年遠忌茶会（二〇一七年）や三百年ぶりに再建がなった興福寺中金堂の落慶法要における五日間の献茶式（二〇一八年）、そして自身の結婚（二〇一九年）と、自分の人生にとっても二度とないような節目といえる出来事がいくつもあり、その都度お菓子を工夫しこの場においても発表してきた。さらに終盤には未曾有のコロナパンデミックを迎えて、変化に乏しい日常においていかに和菓子と一服のお茶が齎《もたら》す束の間のハレの時間が、暮しに潤いや変化、気づきを与えてくれるかにも思いが及んだ。わけてもコロナ禍の始まった二〇二〇年春、奈良東大寺二月堂の修二会（お水取り）に赴いて、頂いた牛玉札《ごおうふだ》に印された「除疫病」の文字に縋《すが》るような気持ちになり、ゆかりの「糊こぼし」を紹介させていただいた。このことで、単なる歳時記の中での和菓子を紹介することとは全く違う、今の時代にその存在意義を改めて問う役割を果たせたようにも思っている。

限りなく広がる和菓子世界のほんの一端を紹介したいと百回の連載を目指していた。だが二〇二一年四月、あろうことか連載より先に掲載誌が休刊を迎えてしまうという予想だにしないオチがついてしまった。しかし浅井佳代子さんの美しく気の入った写真と折々の記録をまとめて世に問いたいという想いは変わることなく持ち続けていたので、ようやくここにその機会を頂けたことに今はただ感謝しかない。

改めて通覧すると、連載掲載は五十一回。さらに二回分未掲載のストックが残っており全五十三篇。しかし私は単行本化にあたりどうしても加えてほしい一品があり文化出版局さんには無理を承知で新たに撮影をお願いし、叶えていただいた。

鍵善良房さんの「濤々《とうとう》」がそれにあたる。詳しくは本文に譲るが、もともとは京都二条に百年以上お店を構えていた京華堂利保さんの看板菓子であり、武者小路千家ゆかりの銘菓だ。京華堂さんは連載でも「水無月」でご登場いただいたが、代々が社中であり普段の稽古のお菓子はかつてこちらに頼んでいたりと、私自身京華堂さんのお菓子であんこの味を覚えたといっても過言ではない。そのお店が、後継者がおられないことやご店主の年齢の問題で二〇二二年一月いっぱいで閉じられ、私にとって和菓子の原体験が失われるに等しい大変なショックを受けた。いつまでもあると思っていた当たり前の存在が失われることほど辛いものはない。ただ唯一の救いは、曽祖父からの好みである「濤々」だけは、なんとか残してくださるということ。お店を跨《また》いで固有の銘柄が引き継がれること自体稀有のことだが、やはり流儀とゆかり深い祇園の菓子舗鍵善さんが引き受けてくださることになった。慣れ親しんだお菓子のすんでの所での復活は喜ばしいことで、一度は断ち切れてしまった「和菓子十二か月」の連載が今回単行本としてまとまって陽の目を見ることとこの復活劇を重ね合わせ、ぜひ本書には掲載したいと願い出たのであった。浅井さん渾身の荘重なラストカットは一見の価値がある。これにて五十四篇がそろった。

本書を出版するにあたってたくさんの方のお力をいただいた。何よりも伝統と日々の工夫の中素晴らしいお菓子作りを続けておられる各菓子店の皆さまに心より感謝いたします。

そして連載初回の撮影から欠かさず現場に足を運んでくださった『ミセス』の落合眞由美前編集長、和菓子と器の気韻生動を余すところなく捉えてくださったカメラマンの浅井佳代子さん、私のわがままをたくさん聞いて奔走してくれた元編集部の門前要佑さん、拙い語りを毎回的確な言葉と表現で原稿に落とし込んでくださったライターの井上雅恵さん、このチームであったからこそ出来た仕事であると深甚より謝意を申し上げる。さらに書籍化にあたっては、文化出版局の鈴木百合子さんにご尽力いただいた。

図らずも源氏物語と同じ五十四篇の和菓子。この本は和菓子による私の履歴書といえるのだ。

千 宗屋（せん そうおく）
1975年京都生まれ。武者小路千家十五代家元後嗣。明治学院大学非常勤講師（日本美術史）、慶應義塾大学総合政策学部特別招聘教授。2001年、慶應義塾大学大学院修士課程修了。2003年、後嗣号「宗屋」を襲名。同年大徳寺にて得度、「隨縁斎」の斎号を受ける。領域を限定しない学際的な交流の中で、茶の湯の文化の考察と実践の深化を試み、国内外を問わず活動。著書に『茶 利休と今をつなぐ』（新潮社）など。近著にインスタグラムの投稿をまとめた『茶のある暮らし 千宗屋のインスタ歳時記』（講談社）がある。

お正月

都の春

とらや

茶の湯につきもののお菓子。が、年の初め、新年最初の茶席にはなぜかお菓子がありません。元旦早暁、旧年より大事に伝えた炭火に新年最初に井戸より汲んだ若水を用いて家元が行なう「大福茶《おおぶくちゃ》」は、まず初祖利休居士に一服を献じ、その後家族と内弟子のみで濃茶を回し飲みます。それに先立ち別室でお屠蘇《とそ》と雑煮で新年を寿《ことほ》ぎますが、当然餅が入りこれがお菓子の代りとなります。

京都なので白みその雑煮なのですが、お正月の代表的なお菓子「花びら餅（御菱葩《おんひしはなびら》）」も、餅と白みそを素材としており、そのつながりがうかがえます。

私的な大福茶に対し、茶家における公的な新年行事はなんといっても「初釜（点初め《たてぞめ》）」です。武者小路千家では、紅と緑の染め分けのきんとん製「都の春」を供します。十二代家元愈好斎《ゆこうさい》の好みで、平安時代・素性法師の「みわたせば柳桜をこきまぜて　都ぞ春の錦なりける」（古今集　巻一春歌上）を元に、緑あんを柳、紅あんを桜に見立ていにしえの平安京の景色を再現した、あらたまの春にふさわしいお菓子です。中はこしあんが求肥にくるまれて風味をより豊かにします。

「初春」といっても実際の一月は厳冬のただ中。が、本来旧暦の元日は一月半ばから二月半ばであり、文字どおり春の兆しを感じるころ。お菓子一つで季節本来の有り様にも思いをはせることができるのです。

器・白磁焼締銘々皿　深澤彰文 作

お正月

長生餅

とらや

お節句などの年中行事を暮しの中で楽しむ習慣がおろそかになりつつあるこのごろですが、ただ一つお正月だけは、きちんと行事に向き合い、つかの間日本人であることを取り戻すことのできる貴重な時期ではないでしょうか。お屠蘇《とそ》やおせちを祝い、さてお菓子も日本のものをとなった時には、やはり和菓子の原点ともいえる薯蕷《じょうよ》まんじゅうこそがふさわしいのでは、と思います。素材そのものを味わうような、お菓子屋さんにとって力量を問われるおまんじゅうでもあります。

武者小路千家のお正月では、一月三日の朝に内弟子、職分、事務方全員がお祖堂にお参りし、弘道庵という広間に顔をそろえます。まず家元から新年のご挨拶があり、それからお茶を一服いただくのですが、その時のお菓子がとらやさんの「長生餅《ちょうせいもち》」。長寿長命を祝う〝根引の松〟の焼き印が押されただけの、シンプルで美しい薯蕷まんじゅうです。寒いこの時期のごちそうにと、年によっては陶製の食籠《じきろう》ごと蒸し上げて運びますと、蓋を開けたとたんに湯気がふわーっと立ちのぼり、あつあつの白いおまんじゅうが浮かび上がります。

元旦早暁にいただく大福茶《おおぶくちゃ》では雑煮の餅がお菓子の代りとなるので、私にとって一年の最初にいただくお菓子がこの長生餅です。あらたまの年の初めにすがすがしいまでにシンプルなこのおまんじゅうをいただくことは、ここからまた和菓子の暦が始まるようで、格別に好もしいお菓子なのです。

器・溜塗四方食籠　内梨地蒔絵

お正月

花氷

とし田

祖父・有隣斎《うりんさい》と祖母・澄子の時代のひと頃、初釜の干菓子としてお出ししていた「花氷《はなごおり》」をご紹介します。

武者小路千家の初釜は、毎年京都と東京で執り行ないますが、京都の薄茶席には東京の干菓子である花氷を、反対に東京のお客さまには京都の干菓子でおもてなしをしていました。花氷は、そんな思い出のある懐かしいお菓子です。

寒天と砂糖を固めてあぶった寒氷というお菓子の一種で、口に含むと外側はぱりっと、中はゼリー状の食感が楽しめます。寒氷自体は夏に用いられることが多いのですが、花氷は紅白の色づかいがお正月らしく、むしろ寒い季節にいただくおもしろさがあります。決まりきった選択になりがちな初釜の干菓子として、味わいの意外性や、京都とは異なった華やかさが好評をいただいていたようです。

とし田さんは、約百年前に干菓子専門店として創業されたとか。両国という地で歴史を重ねられたのは、昔ながらの江戸情緒の残る土地柄ならでは。角界を中心としたお得意さまが長く支えてこられたからでしょう。

紅白のお菓子なればこそと、金箔押の四方盆を取り合わせました。金の器はお菓子を選び、そもそも茶席でもあまり見かけませんが、花氷の透明感にはよく映え、華やかなお正月らしさをいっそう盛り立ててくれそうです。

器・金箔押四方盆

お正月

若菜まんじゅう

花乃舎

新年を迎えると茶家では初釜が行なわれ、それぞれの流派で年始を寿《ことほ》ぐ菓子が供されます。私は小さいころから家元の初釜に奉仕していたので、日が重なることも多く、ほかのお家の初釜にお呼ばれする機会はなかなかありませんでした。ある年、東京のお数寄者で武者小路千家の直門のお弟子さんであった方が、ちょうど私たちの東京での初釜が終わった翌日に釜を懸けられていたので、京都に帰るまでのひとときをそちらで過ごさせていただきました。

その方がお席で使っておられた菓子が、「若菜まんじゅう」でした。江戸の名工・澤田宗味が手がけた南鐐（銀）の蒸し器が小間席に出され、その蓋を開けると、真っ白い湯気とともに出てきたのはフカフカの薯蕷《じょうよ》まんじゅう。椿の葉の敷かれた木地のヘギ皿に一つ取ってようじで割ると、中から色鮮やかな紅あんが目に飛び込んできました。正月七日に邪気を払って無病息災を願った若菜摘みが意匠化されたお菓子で、生地には刻んだ餅菜が入っています。寒い時期だからと、ひと手間かけて温かいお菓子をご用意くださったご亭主の気持ち、暗がりの小間で勢いよく上がる湯気の演出。温かく甘いお菓子は、お正月のめでたさや初釜の終わった安堵感と相まって、私の中で特別なものに映りました。

今はもうその初釜は行なわれていませんが、今でも私たち家族はこのおまんじゅうをいただくと、小間で湯気の上がった、あの光景を思い出します。

節分

法螺貝餅

柏屋光貞

春の訪れを告げる節分は、寒さ厳しい京都にとってお正月に次いで重要な行事です。

豆まきをしたりイワシをいただきその頭を玄関先に掲げたり、一年の無病息災や厄よけを願う様々な習慣がありますが、前年にお世話になったお札やお守りをお焚き上げしていただき、その年の平穏を祈るため寺社に参詣することもまた欠かせないしきたりです。

その折京都人の多くがまず足を運ぶのは、京都大学の後ろの小高い吉田山に鎮座する吉田神社。日本全国の神様が祭られ、大々的な追儺《ついな》式や古札のお焚き上げが行なわれるため、ふだん静かな境内もこの時ばかりは人であふれかえります。またその近くに位置する聖護院でも盛大に節分会が催されます。聖護院さんは修験道の本山。仏教や神道、密教をも融合した日本独特の信仰形態で、当日は厄よけ祈願の柴燈護摩《さいとうごま》が修され、その際には山伏は法螺貝《ほらがい》を吹き鳴らし魔を祓います。

「法螺貝餅」は、この聖護院の護摩供養にちなんで節分の日一日のみ頒《わ》かたれます。中身は白みそあんがごぼうを包み、花びら餅を思わせます。節分がそもそも旧暦の正月と連動していたことの名残でしょう。さらに法螺貝は山伏が山に行に入る時など、仏事の始まりに吹き鳴らすもの。立春を間近に控え、待ちわびた春の訪れを高々と告げる、節目にふさわしいまことにめでたい吉祥のお菓子といえるのです。

器・鉄釉四方皿　李英才 作

節分

厄払い

京都鶴屋　鶴壽庵

京都の家元では、節分になると毎年長男か年男が枡を持って豆をまきます。家の東西南北、玄関や鬼門となる場所に豆をまき、枡に残った豆を家族それぞれが年の数だけいただきます。その後、年の数だけ豆を紙で包み、その包みで自分の体の悪いところをなでてから、恵方の反対の方角を向いて包みを後ろに投げるのです。こうして豆に自分の厄をはらってもらった後、豆は神棚の神様にお預けします。

ご紹介するのは、節分にちなんだ「厄払い」というお菓子です。私どもの職分(家元の内弟子)で、季節になると吉田神社の近くで節分の釜を懸ける方がいるのですが、そこでは毎年このお菓子を用いています。餅皮に押されているのは一升枡の焼き印。正方形の中を走る斜線は、枡の鉄枠に入った鉄のはす交いを表わしています。中は白あんが詰まっていますが、あんにはきな粉が混ぜてあり、大豆が原料であるきな粉をあんに加えることで間接的に「枡の中の大豆」が表現されています。お菓子にストーリーがあり、客に想像させる余地が残されている。実に趣向に富んだ、季節の茶席にふさわしいお菓子であるといえます。

そういえば、二〇一三年、NHKの取材でモロッコのフェズに滞在中に節分を迎えたことがありました。枡はありませんでしたが、父が持たせてくれた小袋入りの豆をスタッフと一粒ずつ分けて、ホテルの庭からみんなでこそっと投げました。異国で迎えた節分は、今でも忘れがたい思い出です。

器・朱漆銘々皿

早春

雪餅

嘯月

一月も半ばを過ぎると、初釜の行事もひととおり落ち着いてまいります。そんな折、そろそろ基本に立ち返ったお菓子が懐かしくなり、いただきたくなるのが、この「雪餅」です。

あんのまわりにそぼろをまぶしたきんとんは、炉の季節における数ある和菓子の中でも最もベーシックで、いわば位の高いお菓子です。嘯月《しょうげつ》さんのきんとんは、全体にそぼろが細かくてやわらかいのが特徴ですが、ことにこの「雪餅」は、薯蕷《じょうよ》を使った繊細なそぼろが、口に入れた瞬間にふわっと溶け、見た目も食感も降り積もったばかりの淡雪を連想させる優しいお菓子です。

真っ白なそぼろの中には、黄色に染められた白あんが入っています。これは、必ず黄色でなくてはならないのだ、と、私は祖父に教えられました。なぜなら、このお菓子は落ち葉の上に雪が降り積んだ冬の情景を再現したものだから、と。清らかに白いそぼろに隠された黄色のあんは、過ぎし日の秋の景色とともに、来たるべき春の陽気をも予感させます。

きんとんというお菓子は、一つの決まった形があるため、花や雪といった具象的な形をなぞることはせず、色だけで景色や風物を表現します。さらに、そぼろで仕上げることで、人の手が触れていない神聖さをも保ち得ています。嘯月さんの「雪餅」は、そういった意味でも、触れたら溶けてしまう汚れない雪を思わせる、まことに上等なお菓子であると思います。

器・時代　真塗縁金線　銘々皿

早春

雪うさぎ

鶴屋八幡

子孫繁栄を願う吉祥のモチーフであり、白く清浄で愛らしい姿形のうさぎは、多くの工芸品や書画の題材にもなり、卯年生まれの私にとっては格別に親しみを感じる存在です。月にうさぎが住むとの故事から、秋の季節に月との取り合わせで使われることが多いのですが、鶴屋八幡さんの「雪うさぎ」は、雪を固めてかたどり、南天の紅葉で耳を表わす〝雪うさぎ〟を模した変化球。雪の季節、一月の茶席に一度は使いたくなるお菓子です。

餅粉と薯蕷《じょうよ》粉を蒸し上げた真っ白なお餅は、羽二重餅を思わせる食感。やわらかく黄身あんをくるんだ味わいは、甘すぎずしつこすぎず、ちょうどいい。実はこの黄身あんが鶴屋八幡さんのお得意で、聞けばゆでた卵の黄身だけを白あんと混ぜるという独自の製法とのこと。定評のある黄身あんを使ったお菓子が、季節ごとの品ぞろえに必ず入っています。

鶴屋八幡さんは、「東海道中膝栗毛」にも登場した大阪の繁盛店、虎屋伊織を引き継いだ老舗のお菓子屋さんです。今橋の本店二階には、祖父である十三代有隣斎《うりんさい》徳翁好みの茶室があり、武者小路千家の宗匠・木津家との親交が厚く、〝最後の粋人〟と呼ばれた平瀬露香《ろこう》好みの菓子「畑《はた》の春」や「唐衣」も残っています。

取り合わせたのは備前の輪花鉢。雪と月、輪花の花を合わせて雪月花の見立てとしました。白地に鮮やかな火襷《ひだすき》の赤に、温かさを感じていただける器です。

器・伊部火襷輪花鉢　陶工房　斿　製

早春

福寿草

吉はし

春の到来を告げるかのように、早春に花開く福寿草。野に咲く風情を写したような、親しみやすいお菓子が「福寿草」です。白小豆の粒あんを緑と黄色のこしあんがくるみ、さらにそのまわりをみその風味がかすかに香る焼き皮が包み、口に含むと、不思議なことにほろ苦い山野草の味わいさえ漂うようです。

この「福寿草」、私は毎年、東京でのある初釜の席でいただきます。ご亭主は金沢の方ですので、お菓子もわざわざご当地から毎日お運びになるのですが、そのうれしさとともに、初釜の行事がひととおり終わった二月初め、ほっとする気持ちでいただく大好きなお菓子です。

金沢は、名古屋、松江などと並んで、江戸時代よりお茶の文化が広く根づき、愛された土地です。いきおい、こういった都市にはいいお菓子屋さんがたくさんあります。茶席のお菓子というのは、ご亭主の意図を充分にくみ取り、その趣向に添う存在でありたいものですが、吉はしさんも、数寄者の難しい要望にしっかりと応える力量のあるお菓子屋さんだと思います。

取り合わせたのは小ぶりの深い茶碗です。見た目にもこんもりと温かみのある筒茶碗でお茶をいただくと、熱と香りがふわっと立ち上がってきます。寒い季節ならではのごちそうです。一年のうちで最も厳しい寒さを楽しみつつ、温かいお茶と、愛らしいお菓子で、来たるべき春に思いをいたしました。

茶碗・雲鶴筒　李朝　器・銹絵松文四方皿　尾形乾山　作

お水取り

糊こぼし

萬々堂通則

東大寺二月堂のご本尊である十一面観音菩薩に日ごろの罪けがれを懺悔《ざんげ》し、国家安泰を祈願する「十一面悔過《けか》法」。「修二会《しゆにえ》」とも呼ばれる一連の行法は、天平の時代から千三百年間、一度も途絶えることなく続けられ、春を告げる風物詩にもなっています。十四日間の法会の中で、十二日目の深夜に本堂下の井戸からお香水を汲み上げる行法が「お水取り」です。お水取りが唯一お堂の外で行なわれ人目に触れる行法であることから、いつしか修二会全体を指す通称になりました。

修二会に先立ち、練行衆《れんぎようしゆう》と呼ばれる僧侶たちによって内陣須弥壇を飾る椿の造花が作られます。この椿にちなんだお菓子が、今回の「糊こぼし」です。幼いころから糊こぼしをいただくと心がときめき、お水取りだな、もうすぐ春が来るなと実感したものです。椿が描かれた空箱も、須弥壇から下げ渡していただいた造花の入れ物に。夜は毒を吐くとのことで生花の飾りがはばかられる夜咄の茶事には、この椿の造花を一輪、生木の枝に挿し、後座の花として床の間に入れています。

二〇二〇年三月、私は妻と二月堂に出かけ、お水取りの日にだけ使われる籠松明《かごたいまつ》を奉納いたしました。思い返せば、緊急事態宣言発令直前のこと、満行を迎えくだされたのが「牛玉札《ごおうふだ》」。そこに、いにしえより続く「南無頂上佛面除疫病」「南無最上佛面願満足」の文字を見た時、昔も今も人の祈りがひたすらに変わらぬものであることに、胸を突かれたのでした。

器・二月堂練行衆盤　通称日の丸盆　写

南無頂上佛面除疫病
二月堂
南無最上佛面願満足

桃の節句

雛菓子

とらや

三月三日、桃の節句にちなんだ「雛菓子」です。

武者小路千家では、雛祭りの特別な茶会というものはありませんが、母と姉が毎年お雛さんをお飾りし、お客さまにもごらんいただいておりました。この時期にお稽古や茶会があれば、この雛菓子が詰められた「雛井籠《ひなせいろう》」を取り寄せることもよくあります。

枕草子に「ちひさきものはみなうつくし」とあるように、日本には小さいことをかわいらしいと感じる心があるようです。加えて「雛」とは、雛菊や雛細工のように、「小さくて愛らしい」という意味を添える言葉でもあります。雛菓子もまた、小さなお菓子を雛飾りのお道具にある重箱に詰めてお供えし、後で皆で分け合うというのが、もともとの楽しみ方だったのではないでしょうか。「雛井籠」は、通常の半分以下の大きさに作られた薯蕷《じょうよ》のおまんじゅうや煉切《ねりきり》が詰め合わされた、この時期だけのお楽しみ。とにかく華やかで春らしくかわいらしく、お使い物としても、贈る側も贈られる側も幸せな気分になるお菓子です。

お茶席で使う際には、華やかな朱の干菓子盆の上に一種類ずつ島を作って盛るのもよし、お茶ではふだん使わない豆皿に、一つずつのせて配るといった趣向もおもしろいかと思います。また、春先のピクニックなど、茶箱を携えて出かける際のお菓子としても、よく似合います。

小さなお菓子ですから、二つ三つと取っていただくのも楽しいでしょう。

器・柳繪朱塗三段重

利休忌

利休饅　朧仕立て

とらや

旧暦二月二十八日は、初祖千利休居士が豊臣秀吉より切腹を賜い没した「利休忌」にあたります。三千家ではそれぞれ供養のための法事や茶会を設けますが、いずれも旧暦に併せてカレンダーよりひと月遅らせ三月二十八日前後に催します。当家では菩提寺での毎月の月忌の当番にも当たることから、毎年三月二十八日、大徳寺聚光院で法要と懸け釜を行なっております。

その席には必ず菜の花が手向けられるのですが、これは居士が切腹に先立ち堺に下向を命じられ、淀川を下っている時土手一面の菜の花が見送るように咲いていたという故事にちなんでおり、以来茶の湯の世界では利休忌まで菜の花は茶席に用いない習いとなっています。

そして家元での茶席で必ず供されるのがこの「利休饅」です。こしあんを使ったシンプルな饅頭で、表面の皮はおぼろになっています。でき上がったおまんじゅうの薄皮をわざわざはいでおぼろにするわけですから、「不完全」を演出しているといえます。おぼろの肌は利休好みの長次郎の樂《らく》茶碗のゆず肌や与次郎の釜のたたずまいにも一脈通じるように見えます。

一度清めた庭に落ち葉を散らした利休の逸話のように、侘茶とは、「不足」ではなくて、足りているところから引いていくもの。このお菓子もまた、利休の侘茶の有様を無言で示しているといえます。

茶碗・黒　樂常慶 作　器・利休好　千の字盆　写

利休忌

利休巻

川口屋

旧暦二月二十八日は初祖千利休居士の祥月命日であり、武者小路千家では毎年、新暦の三月二十八日に大徳寺聚光院において利休忌の法要を行ない茶席を設けます。

利休忌の近づく三月も半ばになると、各地のお菓子屋さんでも利休にちなんださまざまなお菓子が作られます。その一つがこの「利休巻」。蒸しまんじゅうの皮とこしあんをロールケーキのように巻いた形が見た目に楽しく、非常にシンプルながら素材そのもののおいしさを味わえる、大好きなお菓子です。

この利休巻、実は数年前に名古屋で初めていただきました。ご当地ではこの時期の茶席でなじみのお菓子で、ここでご紹介する老舗・川口屋さん以外にもむらさきやさんのものが特に知られていますが、ほかの地方ではお目にかかったことがありません。

かつて尾張藩が奨励した茶の湯の文化をしっかりと受け継ぎ、瀬戸や美濃といった焼き物の産地も近く、お隣三河の西尾市は抹茶生産量で今や国内一位。暮しの中で抹茶を楽しむ習慣が根づいている、名古屋名物のお菓子の一つといえるかもしれません。

桃山時代の作と推察される根来の丸盆は、本来は干菓子盆として使うのが一般的ですが、年月を経た彩りがお菓子に似つかわしく、取り合わせてみました。

器・時代　根来丸盆

お花見

長命寺桜もち

長命寺桜もち

二〇一七年は「長命寺桜もち」が考案されてちょうど三百年だったそうです。大学で東京に出てくるまで、関西風の道明寺桜餅で育った私はこの桜餅をいただいたことはありませんが、存在は幼い時から知っていました。

毎年節分の豆まきの折、我が家で用いる時代の升には、十一代家元一指斎《いっしさい》による「明治十七春　節分の夜之を用う　守(花押)」の書付とともに、「長命寺桜もち」の焼き印が押されています。それはかつて一指斎が江戸を訪れた際、長命寺で桜餅を食べた記念に木箱を持ち帰り、升のサイズに組み替えたものでした。

その念願ともいえる長命寺の桜餅を初めて目にした時の印象は新鮮でした。関西の桜餅の形状とは異なり、見た目はごくごくシンプル、桜の葉に包まれていなければあまりに素っ気なく一見桜との関わりが想像できなかったからです。クレープ状の生地、包まれたこしあん、桜の葉の塩漬け。生地の白さは、本来の桜の色――山桜の白さを想起させます。桜の色や形そのものをかたどっていれば、お菓子に桜のイメージがつきすぎてしまいますが、この桜餅は抽象的で、むしろ本来の日本の桜の有り様――「潔さ」を的確に表現したお菓子だといえるのではないでしょうか。

その白さや葉から匂う桜の残り香から、本居宣長の秀歌の一句「朝日に匂う山桜花」を連想します。年中手に入るありがたいお菓子ですが、ことこの季節になると、いただきつつ桜に思いをはせたくなります。

器・色絵縞文四方皿　岡本修 作

お花見

花衣

塩野

花より団子といわれる季節だけあって、春になると桜餅や花見団子など、桜をモチーフにしたお菓子がたくさん出回ります。その中でも、銘にぴったりと合った美しい造形や、黄身あんの上品な風味に魅かれて、毎年必ず使わせていただいているのが塩野さんの「花衣《はなごろも》」です。

塩野さんは東京の赤坂に店を構える和菓子司。茶席菓子に定評があり、私も季節折々のお菓子をいただきますが、黄身あんが特に秀逸です。黄身あんは、白あんに卵の黄身を加えるため本来は甘みが強く香りもありますが、塩野さんのそれはどちらも適度に抑えられており、ういろうの部分は、花びらを表わしながら、黄身あんの甘みをマイルドにするオブラートのような役割も果たしています。

桜を意匠化した茶席菓子は、実際の桜をめでながらいただくこともありますので、桜の形をそのまま具象化してしまうと、場合によってはお客さまの興が冷めてしまうことも考えられます。その点、「花衣」は具象的すぎず抽象的すぎでもなく、その上おいしい。すべてにおいてバランスのとれたお菓子であるといえるでしょう。

今回は花紋様が刻まれた白磁の花形鉢に盛りました。花形の鉢、花紋様、そして花衣とみごとな花の三重奏のでき上り。白磁がきれいに空の青を取り込み、まるで青空に舞う桜の花びらを見ているかのようです。

器・白磁刻花紋鉢　川瀬竹志 作

お花見

花見団子

塩芳軒

桜の便りが届き始めるころ、茶席に春の華やぎを運んでくれるのが「花見団子」です。そぞろ花見をしながら食べやすいようにと串に刺した団子の、野趣に富んだ風情が春の気分を盛り上げます。百花咲き乱れる彩りを三色に集約し、色鮮やかな季節の到来を象徴するような「花見団子」は、野点《のだて》の席などでも好んで使われます。

ちまたで見かける花見団子の多くは紅、白、緑の三色ですが、塩芳軒さんのものは、紅、緑、黒。それも、白あんをういろうで包んだ紅、よもぎを入れたこなしの緑、薯蕷《じょうよ》あんの黒と、それぞれ異なる味わいです。青竹の串を使うところにもひとかたならぬ心入れが感じられます。青竹は、その清浄さ、位の高さにより、お茶の世界では口切や正月など改まった席で用いる特別なもの。庶民的なお菓子である花見団子を、手をかけ心を尽くしてハレのお菓子に変貌させておられます。

紅の団子は花、緑は草、黒は大地を表わすとも聞きますが、私の祖母である千澄子はこれを「天地人」と解釈し、天を表わす紅色の団子だけを少し離しておくようにと言ったそうです。いちばん上の団子が少し離れてあるのは、茶席で一つずつ外して食べる手がかりともなりましょう。茶の湯では、客を迎える茶席の入り口を少しだけ開けておくことを「手がかり」と呼びますが、こうした言葉にも通じるこまやかな配慮が感じられ、いかにもお茶にかなったお菓子であると、つくづく感じさせられます。

器・古染付奏楽文皿　明末清初

晩春

初かつを

美濃忠

四月の声を聞くと、茶席では桜のお菓子がどうしても続きがちになります。

そんな折、この「初かつを」をご用意すると、本物のカツオの切り身に似せたピンクの色合いと、初物に先んじて季節を先取りするちょっとした高揚感とで、春らしい楽しい気分が引き立ち、たいそう喜ばれます。

もちろん、カツオ漁が旬を迎える五月初めの初風炉《しょぶろ》の茶席にも似合いますが、茶の湯は季節の先取りが基本。旬のものを早めにいただく贅沢さを味わいたくて、四月の茶会や稽古では必ず一度は使うお菓子となっています。

名古屋の老舗・美濃忠さんによる葛製の蒸し羊羹で、ういろうのようなもっちりとした食感と、淡い甘みが特徴です。切り身さながらの波紋を見せる断面が身上ですが、添えられた糸でうまく切り口を見せて切り分けるのは、一見簡単そうでなかなか難しいのです。

名古屋というところは、しゃれやとんちを上手にお茶席に持ち込み、機知に富んだ趣向を好む傾向があるように思います。そんな土地柄のお茶人とご縁の深い美濃忠さんは、尾張徳川家御用達であった本家から、江戸末期に独立されたお菓子屋さん。「初かつを」はのれん分け以前からの味を守り続けているとのことです。

この「初かつを」が売り出されると、名古屋の方々は競って進物に使われます。これもまたご当地独特の季節のご挨拶といえるのでしょう。

器・白磁台皿　黒田泰蔵 作

端午の節句

道喜粽

川端道喜

端午の節句が近づくと、母に手を引かれて道喜《どうき》さんのお店にちまきを受取りに行くのが、物心ついたころからわが家の恒例となっていました。京都では「これを食べないと、その日、その季節を迎えた気がしない」というお菓子がいくつもあります。これは宮中祭祀の折々に決まったお菓子を食べるしきたりにならったものですが、その代表が道喜さんの「粽《ちまき》」です。「水仙粽」と呼ばれる吉野葛で作った粽は、道喜さんだけのもの。その品格といい、繊細な甘さ、みずみずしさ、はかない透明感は、まさに別格。節句のお祝いの様子なども含めて、なにかと思い出の多いお菓子です。

川端道喜さんというのは、「御粽司」の看板を掲げる唯一のお店です。その歴史は非常に古く、室町時代後期にまでさかのぼります。創業間もないころから宮中にさまざまな供御《くご》を献上し、その中でも「御朝物《おあさのもの》」は東京遷都まで毎朝欠かさず約三百五十余年にわたって続いたとのこと。代々のご当主がお届けに通った専用の門は、今でも「道喜門」として残されています。長年にわたって宮中の御用を勤めてこられた道喜さんには、歳時にのっとった大切なお餅菓子がいくつも残っています。

二代目当主である初代道喜は利休さんともご縁が深く、共に武野紹鷗《たけのじょうおう》のもとで茶の湯を学び、利休さんから送られた手紙や茶杓が巷間に伝来しています。そういう意味でも、草創期からお茶との関わりの深いお家でもあります。

器・灰釉焼締台鉢　大嶺實清　作

初風炉

葛ふくさ

菊壽堂義信

「葛ふくさ」を初めていただいたのは、大阪の老舗茶道具商での初風炉《しょぶろ》の茶事の折。清楚な見た目と、包まれた粒あんの品のいい甘さの絶妙な調和に感動した記憶が鮮明です。菊壽堂義信さんは天保年間の創業で、船場の旦那衆が育てた菓子司です。大阪といえば味が濃いというイメージを持ってしまうかもしれませんが、このお菓子はとても繊細で、葛が口の中でほろっと溶け、中の大納言小豆のほのかな甘さがなんともいえません。茶の湯の帛紗《ふくさ》とも重なり、奥ゆかしくて上品な雰囲気を持っています。

五月は、茶の湯にとって初風炉と呼ばれ、お茶の歳時記の中でも炉開きと並んで重要な節目。冬の間使ってきた炉を閉じ、風炉を出して小ぶりの釜をのせることで、火気を遠ざける意味があります。この時期のお茶はすがすがしさが命で、露地の緑も新緑に改まり、茶室に入ると青々とした畳に出したばかりの風炉に釜が懸かり、季節が夏に近づいていることを実感します。

また、取り合わせる道具やしつらい、お菓子に清新感が求められます。「葛ふくさ」は涼やかで、初風炉の風格を高めてくれるお菓子です。どの和菓子もあまり材質は変わらないといいますが、表現によって自ずからなる品格や雰囲気というものがあります。このお菓子は、同じ夏でも盛夏より初夏のほうがより似つかわしく感じます。

和菓子に垣間見られる季節感はその存在意義にすらかかわってくると、こういう繊細な表現の優れたお菓子を前に改めて思うのです。

器・南鐐双鳥文銘々皿　長谷川まみ 作

初風炉

みよしの（葛焼き）

樫舎

葛焼きは、昔からある葛を焼いたお菓子。こしあんを葛で固めて四角く切り、表面を軽く焼いています。一説には武者小路千家七代直斎堅叟《じきさいけんそう》が好んだともいわれる、私にとっても縁を感じるお菓子です。

ご紹介する樫舎《かしや》さんの葛焼き「みよしの」は、二〇一三年の春、東京で行なわれた東日本大震災の義援茶会で濃茶席を受け持った際、初めて使わせていただきました。床には桃山時代から江戸初期にかけて活躍した奈良の茶人で、春日大社の神人《じにん》であった長闇堂《ちょうあんどう》の消息——長闇堂が吉野に花見に行った時に利休と出会い、行き交う際にお互いに歌を詠んだという話が認められている——を掛けました。

桜の名所として知られる吉野は葛の名産地でもありますので、春の茶会の主菓子に用いましたが、その食感や見た目の爽やかさは、本来五月からの風炉の時期にふさわしいものです。

ご主人の喜多さんは、もともとは徳島の老舗の和菓子屋さんのお生まれ。修業のために奈良に出られ、その後繊細な味が話題を呼んで、奈良の神社仏閣のごひいきにあずかるほどになりました。その葛焼きは、葛のもっちりとした食感の後にさっと溶けるような甘さが広がります。はかないくらいに繊細で、ここまで後味が気持ちよく残る葛焼きは、私も今までいただいたことがありません。

器・杉へギ板

初夏

更衣

とらや

「更衣《こうい》」は、虎屋文庫の資料によると、関白も務めた近衛《このえ》内前《うちさき》公によって安永四（一七七五）年に名付けられたお菓子で、モダンな造形が印象的です。

とらやさんらしいのは、食べるとやはりしっかり甘くてかたいこと。「ふわっとした食感で甘さは控えめ」が流行している現代でも、そこは決してぶれない。ぶれてほしくないと思っている私にとっては、この甘さとかたさについうれしくなってしまいます。

長年にわたり宮中の御用を勤めてきたとらやさんには、江戸時代から伝えられてきた菓子見本帳があり、今でもそれに基づいて作られているお菓子があります。「更衣」もそのうちの一つで、菓子の切り口に薄く掃いた和三盆糖が涼やかな絽を想起させることから名付けられました。毎年五月の末から三日間、まさに衣替えの時期にだけ販売される特別なお菓子です。

風格もあり、味もしっかりしているので濃茶のお菓子にも適しています。おそらく世の茶人の中には、この「更衣」に合わせて釜を懸け、濃茶を練る方もいらっしゃるのではないでしょうか。四、五人の客を招き、「更衣」のために茶事を行なう——それも亭主にとっての立派な趣向であり、その時期にしか味わえない贅沢なひとときだといえるでしょう。

器・蠟色塗四方銘々皿

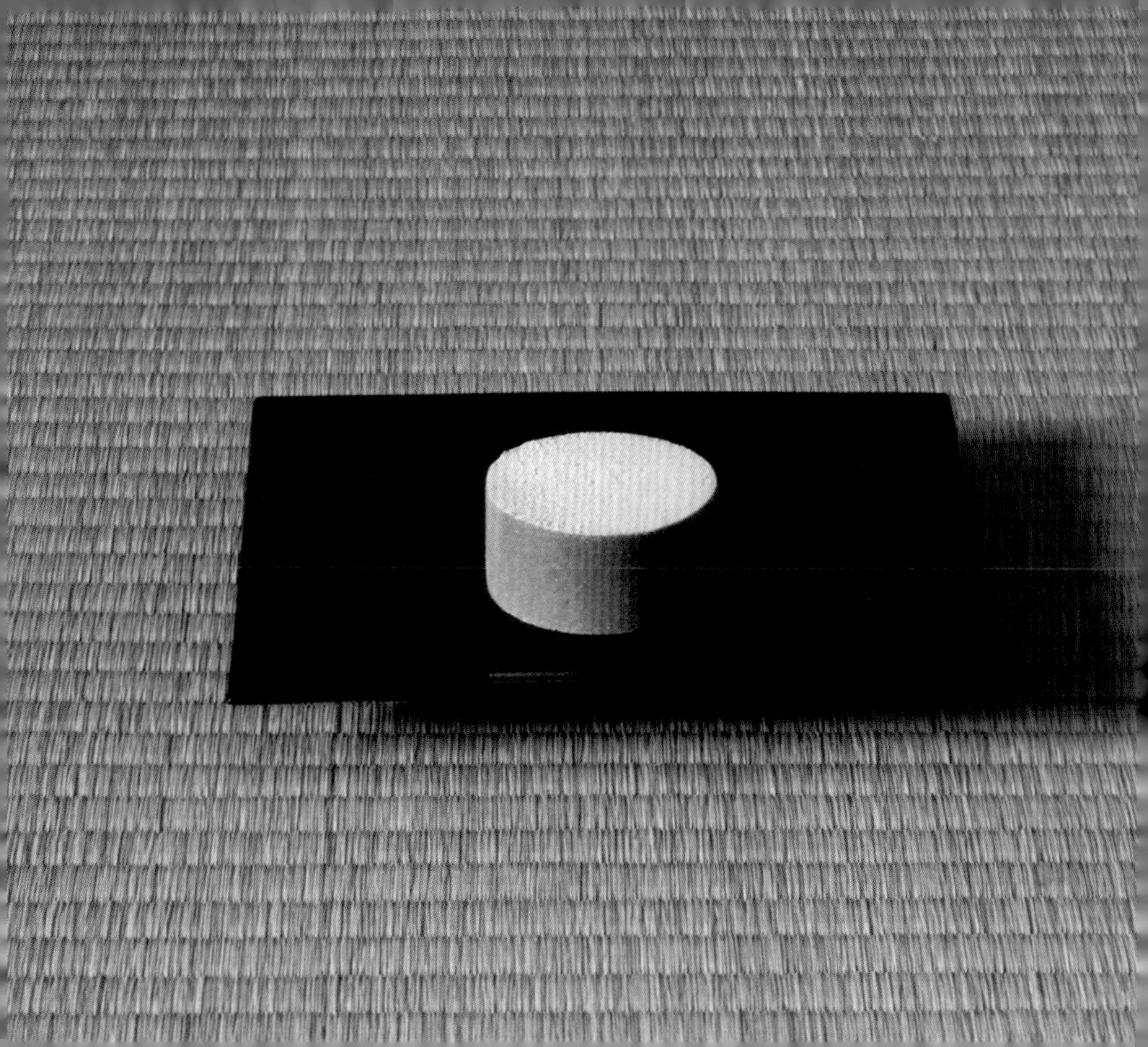

初夏

業平傘

岬屋

元来、クレープのようなふかふかとした生地が好きな私は、このお菓子を見た瞬間に心を奪われました。岬屋さんと懇意にしている社中の方に銘を尋ねると、「業平傘」。在原業平の「東下り」の旅情を思い起こさせる、印象深い銘でした。

ひと口食べるとニッキの香りが口の中に広がりました。ニッキの強い香りは、梅雨の湿気でだれた身体に活を入れてくれるような、心地よい刺激を与えてくれたのです。

「梅雨寒」という言葉があるように、茶人は湿気の中に少し肌寒さを感じながら、茶室で温かな一碗をいただきます。お茶はインドアですが、インドアでありながらも思いを外にはせること――つまり、茶室で雨音を聴きながら外に心遊ばせることで、この季節を楽しんできました。

亭主にとって、五月は「初風炉《しょぶろ》」で格を重んじた道具を組み、七月や八月は「水」や「盛夏」が明確なテーマとなりますが、六月はしつらいや道具組みが難しく、その力量が試されます。そんな中で、この「業平傘」は、琥珀や寒天といった清涼感のあるお菓子が多い時期にあって、ほかとは違う存在感を茶席で放ちます。今回は雨と傘のイメージが重なるように、高麗の雨漏茶碗を取り合わせてみました。閉じた傘という造形がなんとも示唆的で、見る者の想像力をかきたててくれます。

茶碗・高麗雨漏　器・栗糸目掻合銘々皿　三代村瀬治兵衛 作

初夏

笹ほたる

紫野和久傳

笹の緑になぞらえた抹茶あんの羊羹に、ほうじ茶の琥珀羹が金色に透けて見え、まるで蛍がぽっとともったような詩情のある美しいお菓子です。シンプルな味わいで甘さも控えめです。

茶会の時、肝心の抹茶と風味が重なるのを避けるため、お茶を用いたお菓子の使用は控えるのが定石です。ところが、茶陶研究の第一人者であった故・林屋晴三先生が「笹ほたる」をことのほか好まれ、ご自身の夏の茶会でよく使っておられたことから、非常に印象に残るお菓子になりました。

林屋先生と初めてお会いしたのは、中学三年に上がる一九九〇年の春休み。東京国立博物館退官に先立ち、先生が監修された京都国立博物館での「四百年忌 千利休展」の会場でのことでした。私にとって茶の湯美術というものと客観的に出会った最初の場であり、先生にとっては数寄者としての第二の人生を歩まれる瞬間でもありました。

茶陶に関する研究の筋道をつけ、現代における価値基準を作り上げた林屋先生は、宇治の茶匠がご生家ということもあり、終生お茶に親しまれました。特に晩年、現代のお茶の探求を使命とされる中でこの「笹ほたる」を好まれたのは、品があって工夫のあるところがお眼鏡にかなったのではないでしょうか。下手にまねはできない、名人の域に達しておられた先生だからこその境地だったと、先生の命日となる四月を過ぎるころには、しきりに思い出されます。

器・宣徳青海盆　長谷川まみ 作

初夏

水仙青柳

とらや

葛のお菓子がお茶席に現われると、本当に風炉の季節になった、夏が来たということを実感します。葛であんを包んだだけのシンプルなお菓子は、材料の良さが命。その点でも、よくよく吟味された材料だけで作られたこの「水仙青柳《すいせんあおやぎ》」は、とらやさんの数あるお菓子の中でも指折りに数えたいと思います。たっぷりとした厚みのある葛の中には、黄と緑に染め分けたあんが透けて見え、この透明感といただいた時のつるっとしたのどごしの良さは格別です。

実は二〇〇八年、とらやさんに「水の星」というお菓子を創作していただいたことがあります。古くからの友人である野村友里さんが監督を務めた、人と食をめぐる旅をテーマとした『eatrip』という映画で、私は当時完成したばかりのマンション内茶室「重窓」に俳優の浅野忠信さんをお迎えする茶会の亭主として出演しました。

一客一亭の席でお出ししたのが、緑のあんを青の煉切で包んだ葛製のお菓子。撮影がちょうど初夏にあたるのに加え、食とはつまり自然や地球の恵み、水の恵みであることに思い至り、このようなお菓子を注文したのですが、でき上がってみるとまさに、透明な葛が地球を取り囲む大気のようで、宇宙的な美しさを思わせました。そこで、地球を意味する「水の星」と名付けたのですが、この着想の原点となったのが、「水仙青柳」です。このお菓子をいただくにつけ、撮影時のことなども懐かしく思い出されます。

器・時代　金彩ガラス銘々皿

初夏

水無月

京華堂利保

水無月晦日《みそか》、六月三十日は一年の折返し。その日に行なわれるのが、夏《な》越《ごし》の祓《はらえ》です。十二月三十一日の大晦日とともに大祓《おおはらえ》とも呼ばれ、日々を過ごすうちに知らず知らず心身にたまったさまざまな罪穢《けがれ》を雪《すす》ぎ、残り半年を新たな気持ちで迎えるための神事として、宮中や神社で長らく行なわれてきました。

旧暦の六月三十日といえば、新暦では七月終盤。梅雨も明けて本格的な暑さが始まる時季でもあり、気持ちの上でも、いったんリセットをするにはふさわしいタイミングでもあったでしょう。

六月に入ると、京都のお菓子屋さんにはそろって「水無月」が並びます。白いういろうの上に小豆を散らした姿形は、かつて洛外の氷室で厳重に保管され、夏になると御所に運ばれて、上つ方の暑気を払った氷片を模したとか。貴重品であった本物の氷は口にすることのない庶民が考えたのが、この「水無月」だったといわれます。波やうろこを連想させる三角形には、厄よけ疫病よけの意味も込められていたことでしょう。白い餅に、滋養の助けとなり魔よけの力があるとされる小豆を添え、どっしりと食べごたえのある「水無月」は、厳しい夏を乗り切るための滋味栄養を目的とした、いかにも夏越の祓にふさわしいお菓子と思われます。

日常的な餅菓子ではありますが、神事にちなんだいわれもあり、この時期の稽古の席ではよくいただくお菓子でもあります。

器・杉へギ板銘々皿

初夏

あゆ

中村軒

京都は海から遠く、昔は新鮮な海の幸を食べることができませんでした。そのため、京都人にとって川魚である鮎は夏にいただける数少ない新鮮な魚であり、昔から好んで食べられていました。今でも鮎をいただくと夏が来たと感じるわけですが、その鮎をかたどった餅菓子が「あゆ」です。

そもそも京都の和菓子には餅菓子と上生菓子という区別があり、餅菓子とは三時のおやつにいただくような日常的なお菓子を指します。京都には角に行けば必ず餅菓子屋があるといわれていたくらいで、季節ごとにおはぎや桜餅を求め、お抹茶というよりもお番茶と一緒に楽しみました。

私は鮎菓子のカステラ生地に包まれた求肥のモチモチとした食感が大好きで、昔からよく好んで食べています。数年前、名古屋のお稽古で、「この地域は長良川が近いこともあって鮎のお菓子が多い」と聞き、お稽古の際に十種近くの鮎菓子を食べ比べたこともありました。

ここでは、京都の鮎の名所である桂川沿い、桂離宮の近くに店を構える中村軒さんの「あゆ」をご紹介します。中村軒さんは、最近ではかき氷で特に人気ですが、昔から真面目なお菓子作りをなさっていて、京都の四季の暮しに根づいた気取らない菓子舗です。餅は餅屋に聞けといいますが、やはり餅菓子屋の求肥は格別のおいしさがあります。

私は日常的な一服としてお抹茶といただきますが、とてもよく合います。夏には常備しておきたい逸品です。

器・金銀彩義山平皿　麹谷宏 作

七夕

珠玉織姫

松屋藤兵衛

織姫に供えた五色の糸になぞらえ、西陣織の糸玉を模した色鮮やかなお菓子が、この「珠玉織姫《たまおりひめ》」です。

そもそも七夕は中国の宮廷行事である乞巧奠《きこうでん》を起源とし、日本の「棚機《たなばた》つ女《め》」伝説と融合して取り入れられ、江戸時代に諸芸の上達を祈願する風習として庶民に広がったといわれています。

このお菓子は、徳川幕府五代将軍綱吉の母・桂昌院が、生家西陣の繁栄を願って建立した織姫神社にちなんで考案され、五色の珠玉にはそれぞれ、朱は梅肉、青はゆず、黄はしょうが、白はごま、茶は肉桂で風味がつけられています。暑気払いにふさわしいしっかりとした味わいで、七夕の時期の茶席で重宝される逸品です。私も中元の稽古納めの意味も込めて七夕の茶会を催していた時期があり、干菓子にはよく「珠玉織姫」を使っていました。

今回はお供え物の雰囲気に合うように、黒田泰蔵さんの白磁の焼締高杯を用いました。また七夕のルーツである中国に縁を偲ばせ、唐時代の銀鍍《と》金《きん》匙を添えました。柄尻が鳥の形をしているのですが、これは七夕の日に天の川が氾濫しても、かささぎが翼を並べて橋を渡したという伝説になぞらえています。

笹を用意してお客さまに短冊を書いていただきながら楽しんだ七夕茶会。このお菓子を見ると今でも懐かしい思い出がよみがえります。

器・白磁高杯　黒田泰蔵 作　匙・銀鍍金花鳥文　唐時代

祇園祭

行者餅

柏屋光貞

一年にたった一日だけ、祇園祭前祭山鉾巡行の宵山にあたる七月十六日に作られる特別なお菓子が、「行者《ぎょうじゃ》餅」です。その由来は、文化三（一八〇六）年、京に疫病が流行した折、柏屋光貞《かしわやみつさだ》さんの主が大峰山で修行中に夢でお告げを受け、お菓子を作って祇園祭の「役行者山《えんのぎょうじゃやま》」にお供えしたところ、これを食べた人が皆病を免れたという故事から来ています。クレープ状に焼いた小麦粉の皮で、山椒を利かせた白みそと求肥餅を包んだ「行者餅」は、形といい材料といい、利休が好んだ菓子「ふのやき」を連想させ、素朴な味わいも含めて、古い由緒を持ったお菓子ならではの歴史を感じます。

暑い夏を乗り切るための工夫を凝らした味わいは、食感や見た目の涼しさが喜ばれる夏のお菓子の中で、ひときわ異彩を放っています。無病息災を願うお菓子とのことで、武者小路千家でも毎年必ずいただきますが、正直なところ、幼いころは山椒のひりりとした辛みや、甘さの薄いみそ味が苦手でした。ところが、いつしかその風味をこそ好むようになり、祇園祭で夏の到来を知るように、「行者餅」をいただかないと夏を迎えた気がしないという、そんな存在になっています。

今も製造に先立ち、柏屋さんのご当主は大峰山修験と斎戒沐浴を欠かさないとのこと。そんなお話を聞くにつけても、単なる嗜好品を超え、縁起物としての役割を担う、一つの文化を感じさせるお菓子であると思います。

器・白磁銘々皿　黒田泰蔵 作／玉縁片木

祇園祭

したたり

亀廣永

「したたり」は、謡曲の「枕慈童」（別名「菊慈童」）に由来し、菊の葉からしたたるしずくが不老不死の霊薬になったという中国の故事にちなんだお菓子です。なぜ七月に取り上げたかというと、このお菓子が祇園祭の菊水鉾《きくすいほこ》と深く関係しているからです。

菊水鉾は「菊慈童」を稚児人形にした鉾で、祇園祭前祭巡行の前夜祭七月十三日から宵山の十六日の間、鉾町である菊水鉾町の会所にはお稚児さんとご神体が飾られ、祭壇には「したたり」が供えられます。またその前に設けた茶席では、このお菓子が喫客にも供されるのです。「したたり」がのった菓子皿をお土産として持ち帰ることができるとあって、茶席は見物客にもたいへん人気で、祇園祭の風物詩の一つとなっています。昔は武者小路千家が茶席の当番をしていたこともあり、私も家族やお弟子さん方と一緒にお手伝いに行って、鉾町の風情を感じながら合間に「したたり」をいただいたことを懐かしく思い出します。

しゃっきりとした黒糖の琥珀羹で、よく冷やすと夏の涼菓としてひときわ重宝します。この時期のお稽古では必ず使う定番のお菓子となっています。黒糖をひとつまみして一服いただくことがあるほどの黒糖好きの私にとって原点ともいえるお菓子で、小さいころから慣れ親しんだ、今でも大好きな逸品です。

茶碗・ギヤマン平　艸田正樹 作　器・フロープレート　三嶋りつ惠 作

盛夏

浜土産

亀屋則克

浜の土産と書いて、「浜土産《はまづと》」と読むのですが、なぜ海のない洛中にあって浜のお土産なのか。それは京都人の海に対する憧れに由来します。

このお菓子には幾重にも仕掛けがあって、その一つ一つに驚かされます。まず「浜土産」というしゃれの効いたネーミングであること。そして、写真にはありませんが、潮干狩りをしてとってきた貝であることを演出するよう、磯馴籠《そなれかご》に入っていること。和菓子には、ただおいしいというだけではなく、季節感や風情といった演出が必要です。ある象徴的なきっかけを与えて、そこから客の想像力を引き出す——「浜土産」は、この蛤が大きな海を想起させるように巧みに演出されています。

貝のふたを開けると、鮮やかな琥珀羹と一粒の大徳寺納豆（浜納豆）が入っています。大徳寺納豆が入っているあたりがいかにも京都らしい。小さいころ、どうやって食べるのか戸惑った思い出がありますが、片方の貝殻をスプーンのように扱って琥珀羹をすくうと、きれいに食べることができます。小粒ですがしっかりとした甘みがあり、冷やすといっそうおいしくいただけます。

夏はお中元やお盆で手土産が必要な機会も多いと思いますが、そういった時にこのお菓子をお持ちすると、もらう側もうれしいし、贈る側もわくわくします。パッケージ、味、ネーミング、そのすべてに趣向が凝らされた、夏のハレのお菓子といえるでしょう。

器・白磁台鉢　黒田泰蔵 作／杉ヘギ板銘々皿

盛夏

甘露竹

鍵善良房

つるんとのどを通る上品な甘みと、一瞬にして消える口どけのはかなさ。なによりも、切りたての青竹に水ようかんが直接流し込まれ、一本一本笹の葉で丁寧に封がされるという手間ひまかかった贅沢さに目が喜びます。竹や笹のみずみずしい香りが水ようかんにしっかりと移っていることに一層の涼感を覚え、まことに、盛夏にうれしいお菓子です。

夏のお菓子にいちばん大切なものは、やはり涼感。竹かごに収めて届けられるという仕立ても含め、すべての面で涼しさを演出する、ある種完璧なプレゼンテーションがなされた和菓子らしい和菓子といえるかもしれません。そういった意味で、これほど夏らしいお菓子というのも、ほかにはそうないと思います。

子ども心にも、竹筒に穴を開けるとつるんと出てくる様子が楽しく、茶席の外ではひそかに直接口をつけて吸い込んでいたものです。実を言うと、そうして食べるのがいちばんおいしくいただけると、今でも思っているのですが。

「甘露竹《かんろたけ》」というお菓子は、いただくところまでを含めて、清涼感、贅沢さ、はかなさなど、心躍る存在感を持ったハレのお菓子です。買って帰って家で食べるよりも、進物として贈りたいし、いただくのもうれしい。青磁かガラスの鉢に氷水を張り、充分に冷やした甘露竹を浮かべてお茶席に出せば、からからと氷が鳴る音もまた、甘美なごちそうになることでしょう。

器・灰釉荷葉皿　菊地克 作

盛夏

水ようかん

越後屋若狭

はがき大の紙箱に直接流し込んで固め、桜の青葉を一葉載せた越後屋若狭さんの「水ようかん」。逆さに取り出して切り分けますが、とにかくやわらかいのが身上、ほぼ水でできているのかと思うほど口どけぐあいが格別です。水ようかんは全国各地にご自慢がありますが、私の一番はこれにきわまります。

越後屋若狭さんは東京で最も古いお菓子屋さんの一つで、江戸期には松江藩主松平不昧《ふまい》公好みの菓子も作っておられた老舗です。名物の水ようかんにまつわる逸話も多く、かつては、一人で受け取りに行くと「お車ですか？」と尋ねられ、車なら水ようかんを持つ同乗者がいなければ渡してもらえなかったとか。座席に置いて運ばれる間に崩れてしまうほど、やわらかく繊細に作られていることを物語ります。

そもそも、その日その季節だけに特別に作られる和菓子をいただくことは、非日常、ハレの行為です。盛夏のころ、東京のお道具屋さんがまさにささげ持つようにして毎年京都まで運んでくださったこの水ようかんは、子どものころからずっと、私にとって特別なハレのお菓子でした。

どんな時代にあっても、上質なハレのお菓子をいただき、一服の茶を喫する時間が、単調な日常に打つ句読点となるのではと思います。それはまた、日常が覆い尽くす中でひととき衿を正し、自分自身あるいは、家族と豊かな時を過ごすきっかけともなることを、あらためて強く感じています。

器・南鐐銘々皿　匙・長谷川まみ 作

盛夏

鼈甲羹

花乃舎

花乃舎《はなのや》さんの店頭で偶然見つけたのでしたか、初めていただいた時から「鼈甲羹《べっこうかん》」のバランスの良さ、おいしさに感動したことを覚えています。

琥珀羹の中に黒糖の羊羹を散らし、それを鼈甲の景色に見立てるという工夫がまず楽しい。ただ一様に透けているよりもなお、いっそう涼やかで、幻想的な雰囲気もあります。工夫の感じられる趣向、夏らしい見た目の清涼感、味の良さと、三拍子そろったお菓子といえるでしょう。

染付束蓮文の皿に載せると、琥珀羹の透けた部分から器の文様がわずかにうかがえ、それが木漏れ日のようにも、ゆらゆらと水面を通して見る景色のようにも見え、よけいに涼やかさを感じさせます。

蓮は、泥中にあって泥に染まらず凛として美しい花を咲かせることから、理想的な君子の姿を投影し、中国では吉祥文としてよく使われる文様です。蓮や沢瀉《おもだか》などの水生植物を束ねた束蓮文を描いたコバルトのブルーと地の白が、お菓子の琥珀色や茶色と引き立て合い、金属やガラスの器よりもむしろ清涼感を増すのではないかと、取り合わせました。

鼈甲という素材は古いお宝の一つで、お茶席ではあまり用いませんが、海のイメージも夏のお菓子にはいいでしょう。これは、海に近い三重県桑名という地で長年お菓子を作っておられる花乃舎さんならではの発想ではないでしょうか。

器・古染付　束蓮文銘々皿

初秋

栗粉餅

とらや

数あるとらやさんの和菓子の中でも、私が毎年心待ちにしているひと品がこの「栗粉餅《くりこもち》」です。裏ごしした栗と白あんを混ぜたそぼろを、求肥包みの御膳あん（こしあん）につけた三重構造。栗という材料だけに頼らず、しっかりと手が込んでいて、和菓子としてのよさをきちんと保っています。

茶の湯にとって、九月はギアチェンジが求められる時期。夏の間は、のどごしのいい透明感のあるお菓子が好まれ、平茶碗やガラスの水指を使って茶席全体に涼感を呼び込む、という意識が強かったのですが、九月になると秋らしく落ち着いた雰囲気に変えていかなければいけません。彩りも夏は白や青を使いますが、九月は黄色を、そこから赤を足して秋深いイメージを作っていきます。そんな折、新栗の出る時期に作られる「栗粉餅」は、味といい見た目といい、茶席で秋を告げるにふさわしいお菓子なのです。

私は毎年晩夏には、比叡山延暦寺に修行に入ります。修行の際は、毎日欠かさないお抹茶をあえて絶って仏様にお預けし、護摩行や真言を唱えて仏様と相対します。約十日間の修行を終えて山から降りてくると、山に上がる時はまだ夏であったのが、秋の気配が深まっていき、ちょうど「栗粉餅」が出る季節になっています。

久しぶりのお茶を「栗粉餅」とともに味わいながら、無事をかみしめる。最初の一服は全身に深く染みわたります。

器・桐掻合塗銘々皿　川合漆仙 作

初秋

栗餅

出町ふたば

京都の家のご近所にも、日常のおやつを商う昔ながらの餅菓子屋さんがあります。出町の商店街にある出町ふたばさんは「名代豆餅」で全国的に有名になり、観光客が多い時期には長い行列ができる人気店です。

今回ご紹介するのは、豆餅ではなく「栗餅」。関東では栗大福という名で親しまれている餅菓子で、つきたてのお餅の中に、こしあんと大ぶりの丹波栗がごろんと入っています。お菓子に使われる栗は甘露煮や蜜漬けが多い中、こちらは甘味を加えず蒸しあげた、渋皮がついたままの新栗。口に含むとほこほこと崩れ、絶妙な甘さのこしあんと混ざり、渾然一体となって響き合います。餅そのものにも甘さはなく、むしろかすかな塩味が後を引きます。

とにかくおいしい。このお菓子の一番の特徴といったら「おいしさ」と言うほかありません。混ぜものをしていないお餅はすぐにかたくなるので、その日のうちにいただかなくてはなりませんが、そういうところも贅沢です。お茶と一緒にいただくとまた格別においしいので、「栗餅」がある日の三時のお茶は、半分で一服、残りでもう一服。普段のお茶のおともとしてまことに喜ばしく、「栗餅」の季節が終わると、翌年の秋が待ち遠しくなります。

取り合わせたのは、村瀬治兵衛さんの栗銘々皿。野趣を漂わせる栗の器は、うそのない、混じりけのないおいしさの「栗餅」に似つかわしいと思いました。

器・栗銘々皿　三代村瀬治兵衛 作

初秋

秋草

両口屋是清

夏から秋への変化というのは、春から夏へのゆるやかな移り変りとは異なり、がつんとギアをチェンジするようにきっぱりと切り替わらなくてはなりません。八月、五山の送り火が終わると、不思議なものでその夜あたりには涼しい風が頬をなでます。もちろんまだまだ厳しい暑さは続きますが、暦が秋へと変われば、茶の湯の席のお菓子にも、秋らしい風情を求めます。

それに応えるように、九月になると、お菓子屋さんの店先には栗のお菓子が一斉に並びます。

栗とこしあんをわらび粉製の生地でくるんだ「秋草」は、うっすら透けて見える栗の黄色がお月さまのよう。皮にまぶされた氷餅が、描かれたすすきに宿る夜露のようで、武蔵野の秋の景色を思わせる、まことに風雅なお菓子です。

つるんとした感触は、少し前まで口にしていた夏の涼菓を思い出させます。九月に入り、きんとんや薯蕷《じょうよ》まんじゅうなどのしっかりした重めのお菓子が続いたころ、見た目や素材は秋そのものながら、食感は軽めの「秋草」をいただくと、その意外性をたいへん好ましく感じたものです。

季節を先取りするのが茶の湯の世界ですが、たまには少し揺り戻した趣向もおもしろい。特に、毎日のようにお菓子をいただく私には、季節の変り目に置かれたアクセントのようにも思え、特に印象に残ったのでした。

器・色絵角皿「定家詠十二カ月・萩に雁」　尾形乾山 作

初秋

麦代餅

中村軒

白いお餅を平らにのし、丸めた粒あんをくるんだ餅菓子「麦代餅《むぎて》」。形といい製法といい、いかにも素朴で、これが餅菓子の原型であろうかと思われます。たっぷりした大きさも古風なごちそう感があり、福々しい姿が豊かな実りを連想させる、中村軒さんの看板銘菓です。

麦代とは、字の示すとおり麦の代金。かつて麦刈りや田植えで多忙な時期、農家ではこの餅菓子二個を間食としたらしく、中村軒さんでは田畑まで直接届けていたそうです。農繁期が過ぎたころ、その代金として麦代餅二個につき約五合の麦をもらい受けたのだとか。物々交換の名残をとどめる名称です。麦秋という夏の季語もあるように、麦の収穫を行なうのは夏。本来主食である餅のお菓子は、酷暑を乗り切る滋養の意味もあり、夏にこそいただきたい。しかしながら、この満々とした豊かな味わいは、むしろ実りの秋に似つかわしい味覚であるとも思い、今回はあえて初秋のお菓子としてご紹介することにしました。

二〇二〇年春、思い入れある茶碗でお茶を点《た》て、その写真をインターネットのSNS上でリレー投稿する試みを始めたところ、あっという間に千件を超す広がりを見せました。長年お茶の稽古はしていても家では点てないという人が多い中、家族と一緒にお茶を楽しむ様子も多くうかがえました。こんな時期だからこそ、お茶を通して身近な人とつながる意味を、あらためて知るきっかけになれば、と願っています。

器・麦穂絵四方皿　尾形乾山 作

重陽の節句

着せ綿

鍵善良房

日本では、節句になると季節ごとに健康や繁栄を祈念します。中でも、最大の陽数である九が重なる九月九日は重陽と呼ばれ、五節句の中でも特におめでたい日とされています。また旧暦九月は菊の季節であることから、古来宮中では菊の露を飲んで七百年生き長らえた中国の菊慈童伝説にあやかり、前日に庭の菊に真綿をかぶせ、重陽の朝に真綿に含まれた朝露を集めました。その露で顔や身体を清めると長寿や美容に効果がある、墨をすると字が上達するなど、菊の朝露が多くの福をもたらすと考えられていたからです。

この「着せ綿《わた》」は、まさに菊の花に真綿をかぶせた様子をかたどったお菓子です。上生菓子の秋の定番で、白の菊には黄色の綿、黄色の菊には蘇《す》芳《おう》色(紫がかった赤)の綿、蘇芳色の菊には白の綿と、決まった色重ねに合わせて作られます。鍵善良房《かぎぜんよしふさ》さんの「着せ綿」は、蘇芳色の菊に白の綿をイメージしたもので、綿の柔らかい質感をきんとんの細かいそぼろで表わした繊細な逸品です。鍵善良房さんには八重菊の押し型で作った「菊寿糖」という優れた干菓子があり、菊といえば鍵善というイメージがありましたのでここでご紹介いたしました。

五節句の中で唯一忘れられつつある重陽の節句ですが、本来は節句の中でもいちばんおめでたい日。朝露は集められなくても、「着せ綿」をいただきながら、いにしえに思いをはせてみるのはいかがでしょうか。

器・栗糸目揉合銘々皿　三代村瀬治兵衛　作

重陽の節句

千代見草

樫舎

二〇一八年十月、奈良興福寺中金堂の落慶法要にて献茶の儀を連日勤めさせていただきました。一人で五日間、延べ一万三千人の前で献茶を執り行なうという前代未聞の大事を、一茶人としての私にお任せくださった多川俊映老院の御心に応えんと、知恵を絞った年月が思い出されます。

献茶の儀でお供えし、かつ藤田美術館がご担当された慶讃茶会濃茶席の主菓子としてご用意したのが「千代見草」です。中金堂の末永き繁栄を寿《ことほ》ぎ、幾千代久しくとの意味を込め、菊の異称「千代見草」と名付けたこのお菓子は、樫舎《かしや》さんのご主人・喜多誠一郎さんにご相談して作っていただきました。陰陽五行及び仏教に基づく五色の練切で、素材もそれぞれ異なります。毎日違うお菓子を仏様に差し上げることで、気持ちもそのつど改まったことを覚えています。

器に選んだのは、根来の春日盆。もとは春日大社でご神饌を盛るために使っていたお盆で、縁の繊細さ、朱の色から見て室町時代のものと思われます。藤原氏の氏寺である興福寺は、同じく藤原氏の創建した春日大社とは深い関わりがあります。春日盆の朱の色が中金堂伽藍の柱の丹色を思わせ、五色の彩りは落慶法要の日の幔幕をしのばせる取り合わせとなりました。

実は、五色が同時にそろったのはこの撮影時が初めて。こうして見ると、あの得がたい五日間が、新たにみずみずしい感触を伴ってよみがえるようです。

器・朱漆春日盆　室町時代

名残

山土産

藤丸

十月は、夏の盛りを過ぎ、「風の音にぞおどろかれぬる」と古今和歌集にあるように、ちょっとした自然の変化にも心動かされる季節です。茶の湯では十月を「名残」といいますが、一つは春から約半年間使い続けてきた風炉に対する名残、もう一つはお茶に対する名残を意味します。昔は十一月に開封した茶壺の茶葉を、丸一年かけて使っていました。十月はいよいよ底をつく最後のお茶。過ぎし一年に思いをはせながら、残り少ないお茶を名残惜しみつつ一碗を喫します。

ご紹介するのは、藤丸さんの「山土産《やまづと》」。私が藤丸さんのご主人と何度もやりとりを重ねてできた麩のやきです。二〇一六年十月に滋賀県の佐川美術館で行なわれた「蘆聚《ろしゅ》茶会」で使用しました。試作段階で栗あんと柿あんのものを作っていただいたのですが、どちらもおいしかったので茶会では両方お出しし、栗や柿といった山の実りを使用したこともあり、銘を「山土産」といたしました。

藤丸さんは福岡県の太宰府にある和菓子調製処で、利休四百年忌に寄せて創製された、卵を使った干菓子「清香殿」で知られたお店です。今でも手仕事で丁寧な菓子作りを続けておられます。

呼び継ぎを施した茶碗や朽ちた風炉釜。わびた風情を醸す道具を組んで、茶情あふれる季節を楽しむ。藤丸さんの麩のやきは、そんな名残の時期にふさわしい、格別の逸品といえるでしょう。

器・絵唐津秋草文大鉢　千澄子 絵　金重有邦 作

紅葉

古代山川 いろは煎餅

共に風流堂

二〇一八年は出雲松江藩の七代目藩主であった松平不昧《ふまい》（治郷《はるさと》）の没後二百年にあたる年でした。不昧は江戸期を代表する大名茶人で、茶の湯をもって藩の文化力を高め、朝鮮人参の栽培やたたら製鉄などで藩の財政を立て直しました。一方で、名物道具を記録した「古今名物類聚」を作り、茶器の収集と茶会に明け暮れました。今に伝わる好みの菓子の一つが「山川《やまかわ》」で、紅白の咲き分けで水に散る紅葉を表わしたきんとんがオリジナルともいわれますが、今よく知られているのは、不昧百年忌に合わせて松江の風流堂さんが米粉の打菓子として作ったものです。

二〇一七年十月に東京都文京区の護国寺で不昧二百年遠忌茶会を行なった際、私が担当した薄茶席では和三盆を用いた古代山川、潮田洋一郎さんの濃茶席では越後屋若狭さんのきんとん製の山川と、両席とも「山川」で不昧をしのびました。みその入った麩のやき「いろは煎餅」も不昧好みとして伝わっています。青竹の筒に入っており、茶会では水屋見舞のお返しに「いろは煎餅」を配り、お客さまからたいへん喜ばれました。

母は、奥出雲たたら製鉄の鉄師頭取であった田部家の生まれで、一九六八年の不昧百五十年遠忌茶会は、島根県知事であった祖父が中心となって行なわれました。その五十年後の節目の茶会に携わらせていただいたご縁に、改めて感謝しています。

器・欅高杯　三代村瀬治兵衛 作

いろは
いろは
いろは

炉開き

亥の子餅

両口屋是清

かつて旧暦十月（新暦では十一月）の亥の日になると、家庭では火鉢やこたつなど、火にかかわるものを出しました。それは十二支の「亥」が五行説で「水性」を表わすことから、火除けのための験を担いだからだといいます。

茶人は亥の日になると炉を開きます。炉とは「いろり」の略で、茶室の真ん中を一尺四寸四方に切り、土塗りの炉壇を入れたものです。そこに灰を入れ五徳を据えて形を整え、熾《おこ》した炭を入れ、炉用の大きな釜を懸けます。これをその季節に初めて行なうことを「炉開き」といいます。炉は通常部屋の中心にあるため、釜を据えて湯を沸かすと熱が室内全体に拡散し、いわば冬仕様のしつらいとなります。また、この月は茶壺の封を切り、新茶を出して石臼でひいたお茶を味わう「口切」の時期でもあることから、「茶人の正月」とも呼ばれています。

炉開きの主菓子は、改まった雰囲気のものが求められます。「亥の子餅」は、もとは御玄猪《おげんちょ》という宮中行事で供された餅が一般化したもので、餅の中に栗や柿など秋の収穫物がふんだんに入っています。また猪の形になんとなく似ていますが、これは猪が多産であることから、子孫繁栄を意味しているといわれています。

炉釜から上がる湯気の暖かさ、熾った炭の赤み、次第に寒くなる中で炉の周りに人が集ってお茶をいただく様を見ると、茶の湯のよさを再認識することができます。

茶碗・小井戸　器・蠟色塗四方銘々皿

炉開き

ふきよせ

末富

十一月は茶人にとって特別な季節になります。炉を開き、その年の新茶が詰まった茶壺の封を切る口切が行なわれるなど、「茶の湯の正月」といわれるだけあって茶事や茶会も数多く催されます。

茶席の主菓子は亥の子餅やぜんざいといった定番のものが供される一方、干菓子はいろいろとバリエーションがあり、その中でも代表的なものを挙げるとすれば、この「ふきよせ」ではないでしょうか。「ふきよせ」は、いってみれば落ち葉のちり。本来なら掃き捨てられてしまうものですが、そこに美を見いだし、さらにお菓子に昇華させました。衰え散りゆくもの、消えゆくものに対する日本人の美意識を感じることができます。

末富《すえとみ》さんの「ふきよせ」は、家元の口切の茶事の際にも使わせていただくなど、昔からなじみあるもので、生砂糖や打ち菓子、有平糖で作られたぎんなん、松葉、いちょう、紅葉、照葉などを干菓子盆にたっぷりと盛ると秋の華やかさが演出でき、ハレの席で喜ばれます。また「富貴寄」と書くことによって、縁起を担ぐこともあります。

ある晩秋、たまたま道を歩いていた時に、陸橋の階段下に落ち葉の吹きだまりを見つけたのですが、その様が「ふきよせ」そのもので、あまりの美しさにふと足を止めてシャッターを切りました。もしかしたら、昔の人も新しいお菓子を思案している最中に、美しい落ち葉の吹きだまりに出会ったのかもしれません。

器・黒根来盆　醍醐寺報恩院伝来

炉開き

木守

三友堂

「木守《きまもり》」という茶碗があります。樂《らく》家初代長次郎作の赤樂茶碗です。

由緒の始まりは、千利休が長次郎に焼かせた茶碗を弟子たちに選ばせた時のこと。最後に残った赤い茶碗を手に取った利休は、翌年の豊作を祈って柿の木に一つだけ残す実を「木守」と呼ぶ風習になぞらえ、この茶碗に「木守」の銘を与え、終生、手もとに置いて愛用したと伝えられます。

茶碗「木守」はその後、武者小路千家へと伝わりますが、六代目静々斎《せいせいさい》の代になって茶頭として仕えていた讃岐藩主松平家に献上します。ただし、追善や襲名など、大事の茶会には必ず借り受けるという条件つきで。以来、この約束は大切に守られ、おそらくは次に私が襲名する際にもお借りすることになるはずです。惜しくも関東大震災で壊れてしまった茶碗「木守」が、残った破片を接いで樂家十二代・十三代の手によって蘇ったのが昭和の初め。高松の菓子舗・三友堂《さんゆうどう》さんが、それを祝って作ったのが、菓子「木守」です。干し柿を練り込んだ羊羹を麩焼き煎餅ではさみ、讃岐特産の和三盆糖を塗った上から、茶碗の巴高台を模した〝渦〟の焼き印が押されています。まさにお菓子全体を使って茶碗「木守」を表現しているかのよう。茶碗と同様、自然な風合いのお菓子です。

高松松平家とわが流儀の長いつながり、もっとさかのぼれば利休遺愛の茶碗が物語る武者小路千家の成り立ちをもしのばせてくれる、特別なお菓子なのです。

茶碗・木守写　樂了入 作　器・朱漆四方盆　赤木明登 作

年の瀬

虎屋饅頭

とらや

いわゆる米麴を使った酒まんじゅうで、鎌倉時代に聖一国師《しょういちこくし》（円爾《えんに》）が中国よりお伝えになった、まんじゅうの起源の一つといわれるお菓子です。現在は四十グラムの小ぶりのものが販売されていますが、私の中で「虎屋饅頭」といえば、京都一条店の店頭で販売されていた六十グラムのもの。中華まんに見まがうようなたっぷりした大きさで、中国からの伝承が感じられるまさにハレのお菓子という印象があります。

ふつう酒まんじゅうときくと、寺社の門前で売られていて、茶店の床几《しょうぎ》に腰掛けお茶請けにいただく薄皮まんじゅうとイメージされがちです。しかし虎屋饅頭は、同じ酒まんじゅうでも真っ白で厚手の皮、枯山水庭園にある砂盛りのような造形からは、品格や神聖さすら感じることができます。

私にとって、虎屋饅頭の出番は寒くなった十二月の半ばから。年の瀬の挨拶に来られたお客さまに、ふかし立ての虎屋饅頭を陶製の食籠《じきろう》など蓋つきの器でお出しすると、お客さまが蓋を開けたとたんにふわっと湯気が立ち、ほのかなお酒の香りが室内に広がります。温かいお菓子は、温めるひと手間にもてなす気持ちを込めることができ、また寒い中おいでになったお客さまにも喜ばれます。

白いスクリーンのようなまんじゅうに、今年一年を投影しながら、来し方行く末を重ねる。友人や家族と一緒に温かいお菓子でお茶を一服いただきながら、年の瀬を過ごしてみてはいかがでしょうか。

器・古信楽沓鉢

年の瀬

黄味瓢

空也

京都堀川の空也堂は、念仏聖として諸国を巡った平安中期の僧、空也上《くうやしょう》人《にん》を開祖とします。江戸時代に入り、鉢やひょうたんを竹のばちでたたきながら空也念仏を唱え、托鉢《たくはつ》を行なう空也僧たちの姿は〝鉢叩《はちたたき》〟と呼ばれ名物に。特に歳末の四十八日間、わらづとに刺した茶筅《ちゃせん》を売り歩く光景は、京の師走の風物詩ともなっていました。ひょうたんが空也上人を表わすシンボルとされるのは、この風習の影響かもしれません。

さて、空也といえば最中。銀座の空也さんの由来も、やはり空也上人だそうです。空也念仏にちなんだ講の一種〝関東空也衆〟に属していた初代が、仲間の援助で創業したお店だけあって、ことのほかひょうたんの意匠にこだわりがあるのもうなずけるところ。江戸千家とも縁が深く、名物の最中のほかにも、お茶によく合う季節の生菓子を作り続けている名店です。ご紹介する「黄味瓢《きみひょう》」は、愛嬌のある姿と温かな色合いで、師走の茶事を華やかに盛り立ててくれます。白あんを包み込んだ黄身あんの味わいも格別です。

巡礼が腰に提げていた瓢《ひさご》の水筒を利休がもらい受け、花入に仕立て直したといわれるように、ひょうたんは、花入や炭斗《すみとり》などの茶道具に多く用いられ、無病息災や子孫繁栄に通じる縁起のいい意匠も好まれてきました。年の暮れにひょうたんをかたどったお菓子をいただくのは、その年の実りを喜び、迎える年もどうか豊かでありますようにと、そんな意味合いもあるように思います。

器・朱漆鉋目皿　好々斎在判

年の瀬

キャロル

末富

当世風の表現をするならば、〝映《ば》える〟和菓子ということになるでしょうか。京菓子司・末富《すえとみ》さんの、クリスマスツリーをかたどったきんとん「キャロル」です。もともと末富さんは、茶事の趣向やお客さまの意向をくみ、新しいお菓子を工夫されることで評判のお店。きんとんのそぼろの形を生かしながら、樅の木に雪が積もったツリーの風情が表現されています。聞けば、もう三十年近く前から師走の上生菓子として、ツリー形きんとんを販売されているそうです。

「クリスマス」や「聖夜」が季語として歳時記に載り始めて久しいとも聞きます。かつては霜月の半ばから新年を迎える支度を始め、年が明けても松の内までたっぷりとお正月気分を楽しんだものですが、今の大方の日本人にとって、最も強く年末の気分を感じる行事といえば、クリスマスとなるのではないでしょうか。かく言う私も高校時代、一緒にお茶の稽古をしていた友人たちと、クリスマスの趣向の茶会でもやろうかと集まり、末富さんのクリスマスきんとんを用意しました。今でこそクリスマスをテーマにした和菓子は珍しくありませんが、二十数年前はさすがに新鮮だったのか、わあっと席が華やいだことを思い出します。

取り合わせた銘々皿は南鐐。銀の器は夏の季節に使われることが多いのですが、雪や月、白夜をイメージして冬のお菓子に用いました。虫食いの風情が、歳の暮れの名残をも感じさせてくれます。

器・南鐐虫喰銘々皿　長谷川清吉 作

年の瀬

埋火

招福楼

年の瀬になると、家元では行舟亭《ぎょうしゅうてい》という長三畳台目の茶室に釜を懸けて、ご挨拶に来られた方にお茶を一服差し上げています。慌ただしい中にあって、少しの時間ですがお客さまと一年を振り返りながら一碗を喫する――その非日常のひとときが昔から私は好きです。

毎年大晦日になると注文したおせちを届けがてら必ずご挨拶に来られるのが、滋賀県の東近江市にある懐石料理・招福楼さんの老主人。曽祖父の代からのおつきあいで、流儀の皆伝もお持ちの筆頭のお弟子さんです。ある時ご主人が「大晦日にお使いください」と作ってこられたのがこの「埋火《うずみび》」。埋火とは、囲炉裏の火を翌朝までもたせるために灰に埋めることで、この黒豆のきんとんを二つに割った時に見える景色は、まさに灰に埋もれた炭火の風情そのものです。

茶家では昔から炉の火を絶やさないことが重要で、今でも家元では大晦日からお正月にかけて埋火を行ないます。大晦日の夜に行舟亭の炭をお祖堂の炉に移して灰で埋め、年が明け若水(元日の朝に初めて汲む水)を入れた釜をその火の上に懸けると、新年の水と旧年の火が二つの年をつなぎます。

人間が生きていくうえで必要不可欠な水と火は、人間の営みそのものを意味しています。その営みを美的に昇華させた究極的な形が茶の湯であり、茶の湯こそが人が生きていくことの象徴であると、年の瀬の埋火を見て思うのです。

器・根来深皿　矢橋工房 製

祝儀

千代の糸

松華堂菓子舗

「糸」という字は、撚《よ》り集める、つなぐといった物事を結びつける意味が込められています。松華堂さんの「千代の糸」は、紅白の鮮やかな色と相まって、おめでたい席や華やかな春の一会で用いられる定番のお菓子です。

和菓子の形は、どうしても薯蕷《じょうよ》や茶巾絞りなど単調になりがちですが、このお菓子には洋菓子のモンブランを思わせる、一歩踏み込んだ抽象的な表現が用いられています。かといって奇をてらったような嫌らしさはなく、品もよく食感も滑らかで、伊勢芋の風味もしっかり感じられ、非常に美味。黒い縁高に入れると凜とした雰囲気を醸し、ＭＯＡ美術館で行なわれた光琳茶会の濃茶席の主菓子にも採用されました。

近年は「和菓子作家」という方が新しい和菓子の可能性を探っていますが、和菓子という枠の中でどう表現するかが重要です。その意味で、この「千代の糸」はセンセーショナルに登場し、その後多くの茶人に受け入れられた、新しい和菓子の成功例といえるでしょう。

今では定番となってしまい、真新しさに欠けると思われるかもしれませんが、このお菓子を特別なお茶会で使いたい時には、あんに巻いている練り薯蕷の紅白の色を変えたり、その時だけの銘をつけたりすることで、使い方の幅が広がります。お菓子屋さんのご主人と問答しながら、一回きりの使い方を工夫する。それは、亭主の力量が試される時であり、同時に亭主の楽しみであるといえるでしょう。

器・祥瑞花鳥文銘々皿　明時代

祝儀

洲濱
すはま屋

煎《い》った大豆粉を砂糖と水あめだけで練り上げ、三本のさおで棒状に調えたお菓子「洲濱《すはま》」。材料も作り方もきわめて素朴でシンプルながら、「洲濱」は祝いの席を寿《ことほ》ぐハレのお菓子です。そもそも、入り組んだ砂浜を模した洲浜文は家紋や有職文様として用いられ、洲浜台に景物を載せた嶋台は、祝儀の席に欠かせない飾り物でした。その名と形を受け継ぐ名菓「洲濱」だけを一子相伝で三百五十年以上作り続けたのが「植村義次」さん。十四代のご当主は研究熱心で博学多識の方でしたが、二〇一七年、ご高齢につき惜しまれながら店を閉められたのでした。

それを惜しんだ武者小路千家の茶家である芳野家では、「洲濱」をいとおしむあまり、次女の綾子さんが植村さんのもとに通いつめて製法を学び、とうとう二〇一八年秋、同じ場所に「すはま屋」を新規開店する運びとなったのです。同じ年、興福寺中金堂落慶法要に向けて準備を進めていた私は、再建を祝うにあたっては土台を意味するこの「洲濱」こそがふさわしいと、仏前に供することに。すると洲浜座とは、興福寺を代表する仏像・阿修羅像が立ちたもう台座であるという、うれしい偶然が重なったのでした。

えもいわれぬ品のよさを備え、しっとりとおいしい「洲濱」は、祖母の好物でもありました。そんなご縁も重なり、婚礼の席にふさわしいお菓子として、二〇一九年六月の私どもの結婚披露宴の引出物のお菓子にも選ばせていただきました。

器・朱塗四方盆　赤木明登　作

祝儀

招福袋 宝来袋

とらや

左の白い袋が「招福袋」、右の紅色が「宝来袋」。聞けば二〇〇四年に開かれた虎屋文庫資料展「占い・厄除け・開運菓子展」にちなんで考案されたものだとか。

清浄歓喜団《せいじょうかんきだん》でご紹介している大聖歓喜天《だいしょうかんぎてん》ゆかりの巾着袋が御利益の象徴であるように、袋とはそもそも吉祥を表わす形だったようです。

実はこの招福袋、二〇一九年の私どもの結婚披露宴にてウェディングケーキの代りに、その後の披露茶会では濃茶席の主菓子として使わせていただいたことから、特別に思い出深いお菓子の一つとなりました。披露宴では、特注の大きな招福袋に、小学校の同級生で房紐職人の友人が作ってくれた朱の房紐を、妻と二人で結わえるという作業をしたことを、懐かしく思い出します。

福々しい色と形が引き立つよう、披露茶会では青漆爪紅《せいしつつまぐれ》の縁高にてお出ししましたが、この撮影にあたり、京都の医師で作陶家の加藤静允《きよのぶ》先生が、結婚を祝って手ずから焼いてくださった青白磁のお皿を取り合わせました。我々夫婦がそろって卯年であるところから、双兎文となっているところがいっそうゆかしくあります。

器・青白磁双兎文銘々皿　加藤静允 作

福

祝儀

清浄歓喜団

亀屋清永

いただいた瞬間、口の中がお香の香りで満たされ、ありがたい気持ちになるお菓子、それが「清浄歓喜団《せいじょうかんきだん》」、通称「お団」です。遣唐使によってもたらされた和菓子の原点といわれる「唐菓子《からくだもの》」の一つで、七種類のお香を練り込んだこしあんを米粉と小麦粉の皮で包み、ごま油で香ばしく揚げる製法は、比叡山の阿闍梨より授かった秘伝として亀屋清永さんに受け継がれています。

密教では、儀式や修法《しゅほう》の前に調合したお香をたいて堂内を清め、さらに塗香《ずこう》を手に塗り、口に含んで心身を清めます。古来、貴重品であったお香は仏様の好物でもあり、それをふんだんに練り込んだこのお菓子は、お供え物として密教とともに伝来したのでしょう。とりわけお団をお好みになるのは、毘沙門天、弁財天、吉祥天、大黒天といった、インド古来の神が仏教に取り入れられた天部と呼ばれる護法神。わけても大聖歓喜天——人肌に温めた油をお像に注ぐ浴油供をもってお祀りする通称「聖天《しょうてん》」様が、揚げ菓子であるこのお団を喜ばれるとのこと。おいしいものや貴重なものを神仏に捧げ、それを分かち合う行為こそ人間の喜びや営みの原動力とも思え、お供え物が和菓子の原型となったつながりを感じます。

取り合わせたのは、金剛盤。本来は金剛杵や金剛鈴を載せる密教法具です。黒田泰蔵さんの白磁の皿が、あたりをいっそう清浄にはらうようで、この「清浄歓喜団」そのものが法具のようにも見えてきます。

器・鍍金金剛盤　平安後期／白磁大皿　黒田泰蔵　作

祝儀

味噌松風

松屋常盤

「味噌松風《みそまつかぜ》」は不思議なお菓子です。茶席ではふつう干菓子として供しますが、しっとりとした質感を持ち、主菓子としても通用する充分な風格があります。一見して地味で、多弁な飾り気はありませんが、奥が深く複雑な味わいは飽きがきません。祝儀にも不祝儀にもふさわしく、贈り物にも喜ばれ、自ら買い求めていただくのもうれしい。つまり、ハレの席にもケの日常にもどちらにもしっくりくる。そういうお菓子は実は珍しいのです。

十一月、炉開きのあらたまった茶席の干菓子としても、「味噌松風」の備える位の高さ、品のよさがふさわしいと考えました。松風という名も、茶の湯では釜の湯が煮える音を指し、いわばお茶そのものを象徴する言葉。この名にちなんで、干菓子盆には利休好みの松木盆を取り合わせました。「味噌松風」は、もしかすると最も京都らしいお菓子かもしれません。少なくとも、京都を代表するお菓子の一つであるということに、異論を唱える京都人はいないのではないでしょうか。大徳寺の江月和尚（宗玩：一五七四—一六四三年）が考案したと伝えられる製法を、創業より三百六十余年の間、一子相伝で伝えてきたのが松屋常盤さんです。ちょうど焼き上がった頃合いに伺うと、「福耳」と名付けられた切れ端にありつく幸運にもあずかれます。ずうっと昔から変わらないこのお菓子を、ぜひともこのまま作り続けていただきたいと心から願います。

器・利休好松木盆　文叔在判　初代中村宗哲　作

祝儀

濤々

鍵善良房

武者小路千家家元好みのお菓子「濤々《とうとう》」は、遡れば昭和二〇年代、大徳寺孤篷庵十七世小堀實道和尚様と十二代家元愈《ゆ》好斎《こうさい》による「大徳寺納豆を使ったお菓子を作ってみては」という発案を受け、御菓子司・京華堂《きょうかどう》利保《としやす》の先々代店主である内藤四郎さんが試行錯誤の末に作り上げたお菓子です。

愈好斎没後、家元のお祖堂にかかる扁額から、波の音すなわち釜の湯のたぎる音を表わす「濤々」と名付け、好みとしたのは十三代家元である祖父・有隣斎《うりんさい》であったと聞き及んでいます。

焼麩に大徳寺納豆が練り込まれたあんを挟んだ味わいは、干菓子と主菓子のちょうど間のようで、甘いだけでなく、大徳寺納豆の塩味とも相まって、お茶一服にこれほど似合うお菓子もありません。

二〇二二年春、この「濤々」は、のれんを下ろした京華堂さんから鍵善《かぎぜん》良房《よしふさ》さんへと受け継がれました。あんこはお菓子屋さんそれぞれの味があり、単に手渡すだけではないご苦心があったと推察します。お店は代わっても家元好みのお菓子を残すと決めたその気概は、京都という土地と千家との長い信頼関係あっての、奇跡のような僥倖であったと感じ入ります。

このような経緯を経た「濤々」にふさわしい器を、と考え、有隣斎が家元襲名の茶事でも用いた利休伝来の唐物茶入盆を取り合わせました。

器・唐物内朱盆　利休在判　宗旦書付

【季節の行事と和菓子】

新暦	二十四節気	年中行事	和菓子
一月	小寒 大寒	一月一日 お正月 一月初旬〜中旬 初釜	長生餅 都の春 花氷 若菜まんじゅう 福寿草
二月	立春 雨水	二月三日 節分	法螺貝餅 厄払い 雪餅 雪うさぎ
三月	啓蟄 春分	三月一〜十四日 修二会 三月三日 桃の節句 三月二十八日 利休忌	糊こぼし 雛菓子 利休饅 利休巻
四月	清明 穀雨	四月八日 灌仏会	長命寺桜もち 花衣 花見団子 初かつを
五月	立夏 小満	五月五日 端午の節句 五月初旬 初風炉	道喜粽 葛ふくさ みよしの
六月	芒種 夏至	六月一日 更衣 六月三十日 夏越の祓	更衣 業平傘 笹ほたる 水仙青柳 水無月 あゆ

月	二十四節気	行事	和菓子
七月	小暑 大暑	七月一〜三十一日　祇園祭 七月七日　七夕祭	行者餅　したたり 珠玉織姫 浜土産
八月	立秋 処暑	八月一日　八朔 八月十三〜十五日　盂蘭盆会	甘露竹 水ようかん 鼈甲羹
九月	白露 秋分	九月九日　重陽の節句 九月中旬　中秋の名月	栗粉餅　栗餅 着せ綿　千代見草 秋草　麦代餅
十月	寒露 霜降	十月中旬　後の月 十月十九日　一翁忌	山土産 古代山川、いろは煎餅
十一月	立冬 小雪	十一月初旬　炉開き 十一月十一〜十三日　光悦会	亥の子餅 ふきよせ　木守
十二月	大雪 冬至	十二月八日　成道会 十二月十三日　事始め 十二月二十五日　聖誕祭 十二月三十一日　大晦日	虎屋饅頭　黄味瓢 キャロル 埋火

祝儀／無季

千代の糸
洲濱
招福袋、宝来袋
清浄歓喜団
味噌松風
濤々

和菓子をいただく際の季節の目安としてください。
お菓子の販売時期については122ページ以降をごらんください。

【器とお菓子、お店のご案内】

＊お菓子の販売時期、お取り寄せの可否、お店の営業時間・定休日については変更されることがあります。年末年始の休みも同様に、詳細は各店舗にお問い合わせください。

1 都の春　12ページ

「都の春」はきんとん仕上げで紅色と緑色の染め分け、銘は古今和歌集の「みわたせば柳桜をこきまぜて都ぞ春の錦なりける」の歌にちなむ。武者小路千家十二代家元愈好斎好。とらやは、室町時代後期（一五〇〇年前半）の京都で創業、後陽成天皇の御在位中（一五八六～一六一一年）より御所の御用を勤めるなど、五世紀にわたって和菓子製造を続ける。明治二（一八六九）年の東京遷都にともない、当時の店主十二代黒川光正は、御所御用の菓子司として、京都の店はそのままに東京にも進出した。

販売●このお菓子は武者小路千家の特注品のため、一般販売は行なっていない。

◆とらや　赤坂店
毎月6日休み（12月を除く）
電話　03-3408-2331
東京都港区赤坂4-9-22

2 長生餅　14ページ

「長生餅」の菓銘は光格上皇より拝領したとの記録がとらやに残る。「根引の松」とは、初子《はつね》の日に松の若木を引いて持ち帰ったという、平安時代の宮中行事「小松引き」を源流とする門松の原型。現在も洛中を中心に根のついた松を一対、奉書紙で包んで紅白の水引で結び、門口に飾る習慣が残っている。

販売●12月29日～1月15日（京都の一部店舗）／お取り寄せ　不可

◆とらや　京都一条店
元日、毎月最終月曜休み（12月を除く）
電話　075-441-3111
京都市上京区烏丸通一条角広橋殿町415

3 花氷　16ページ

両国に店を構えるとし田は、大正一〇（一九二一）年、茶席の干菓子専門店として創業。現在は、上生菓子、半生菓子のほかに、力士にちなんだ「両国力士もなか」などの焼き菓子も評判を呼んでいる。「花氷」とともに、雲平種と黒糖羊羹で作った「松葉」も販売されており、よりいっそうおめでたい取り合わせとなる。半生菓子の購入については事前にお問い合わせを。

販売●「花氷」は通年、「松葉」は秋～冬／お取り寄せ　可能（要相談）

◆とし田
10時～19時。日曜、祝日休み
電話　03-3631-5928
FAX　03-3631-5919
東京都墨田区両国4-32-19

4 若菜まんじゅう　18ページ

三重県桑名にある花乃舎《はなのや》が製する薯蕷饅頭「若菜まんじゅう」は、同県多気に産する伊勢芋を用い、紅あんは備中産の白小豆を染め上げた。光孝天皇の「君がため　春の野に出でて若菜摘む　わが衣手に雪はふりつつ」を意匠化したもの。

販売●12月～1月（要予約）／お取り寄せ　可能

◆花乃舎
8時半～18時
月曜休み（年末、GWの月曜は営業）
電話　0594-22-1320
三重県桑名市南魚町88

5 法螺貝餅
20ページ

「法螺貝餅」は、京都市左京区にある聖護院の節分の護摩供養にちなんで、一日限定で販売される和菓子。第二次世界大戦以前から四十四年間に渡って聖護院門主を務められた岩本光徹師の要請にこたえ、柏屋光貞《かしわやみつさだ》の九代目が花びら餅に入れるみそあんにごぼうをさして吹き口とし、小麦粉を薄く焼いた皮を巻きつけ法螺貝に見立てたもの。旧暦における明日からの新年を寿ぎ、一年の無病息災を願う厄よけの菓子として親しまれている。

販売●2月3日のみ(予約可)／お取り寄せ　不可
◆柏屋光貞
9時〜18時。日曜、祝日休み（節分、祇園祭宵山は営業）
電話　075-561-2263
FAX　075-525-9218
京都市東山区安井毘沙門町33-2

6 厄払い
22ページ

「厄払い」は、新選組発祥の地、壬生屯所旧跡にある老舗菓子司・京都鶴屋《きょうとつるや》　鶴壽庵《かくじゅあん》の製する和菓子。餅皮に、一升枡の焼き印が押してある。中は京きな粉と、備中の白小豆を使った白あんを混ぜ合わせた「きな粉あん」が使われている。

販売●1月中旬〜2月下旬(要予約)／お取り寄せ　可能（ただし消費期限が2日間のため、遠隔地は不可）
◆京都鶴屋　鶴壽庵
8時〜18時。不定休
電話　075-841-0751
FAX　075-841-0707
京都市中京区壬生梛ノ宮町24

7 雪餅
24ページ

京都・紫野の嘯月《しょうげつ》は、一九一七年にとらやより独立し創業。禅語「月に嘯《うそぶ》く虎」にちなんだ店名は当時の建仁寺管長より名付けられた。茶道各家元からの御用も多く、わけても繊細極まるきんとんは季節ごとに趣向を変えて全国のファンを魅了する。作りおきをしないため、予約のみ購入可能。「雪餅」のそぼろあんはつくね芋と白小豆、砂糖で作られており、口に含むと上品な薯蕷の香りが漂う。

販売●12月〜2月上旬(完全予約制)／お取り寄せ　不可
◆嘯月
9時〜17時。月曜、日曜、祝日休み
電話　075-491-2464
京都市北区紫野上柳町6番地

8 雪うさぎ
26ページ

鶴屋八幡といえば黄身あんというほど評判のあん。店では「玉子あん」と呼ぶ。玉子あんをくるむのは、これもまた店独特の呼び方で「月餅皮《げっぺいがわ》」という餅皮。あっさりとした甘さとほのかな薯蕷の香りが特徴。

販売●「雪うさぎ」の販売については、店頭または電話でお問い合わせのこと。
◆鶴屋八幡
8時半〜19時（土曜、日曜、祝日は17時まで）。1月1日のみ休み
電話　06-6203-7281
FAX　06-6202-5205
大阪市中央区今橋4-4-9（大阪本店）

9 福寿草
28ページ

吉はしは、戦後すぐに老舗「森八」から独立し、金沢市東山に創業。二代目の当主となる吉橋廣修さんは、茶席の御用を勤め、金沢の茶人たちに育てられる中で、吉はし独自の味わいを出せるよう心がけてきたとのこと。焼き皮で包んだ「福寿草」は、金沢の初釜の席では定番。上生菓子は予約のみ購入可能。取り寄せもできる。

販売●1月初旬〜2月中旬（前日15時までに予約）／お取り寄せ　可能

◆吉はし
9時半～17時半（日曜、祝日は9時～12時）。日曜、祝日の午後休み（午前はお渡しのみ）
電話　076-252-2634
FAX　076-252-2725
石川県金沢市東山2-2-2

10 糊こぼし 30ページ

十一面悔過は、古くは旧暦二月一日から行なわれていたため、二月に修する法会という意の「修二会」と呼ばれるようになり、二月堂の名称もこれに由来する。現在は新暦三月一日から十四日間にわたって行なわれる。二月堂内陣須弥壇の四隅を飾る造花は全部で三五十。紅白の花弁に黄の芯を持った椿の花を和紙でつくり、椿の生枝の先に挿して荘厳する。「糊こぼし」とは、赤い花弁に白い斑があり、その風情が糊をこぼしたように見える華やかな椿で、東大寺開山・良弁僧正坐像を安置する開山堂の庭に古木があるため、別名「良弁椿」とも呼ばれる。江戸時代後期に創業した萬々堂通則の「糊こぼし」は、椿の造花を模した紅白の練り切り製。

販売●2月初め～3月14日／お取り寄せ　可能
◆萬々堂通則
10時～18時（木曜は17時まで）
木曜不定休
電話　0742-22-2044
FAX　0742-22-1612
奈良県奈良市橋本町34（もちいどのセンター街）

11 雛菓子 32ページ

とらやの「雛菓子」は、一個十五グラムの大きさに作った薯蕷製「笑顔饅」、和三盆糖で椿、桃、八重桜をかたどった干菓子三種、求肥製「桃の里」、煉切製「仙寿」、道明寺製「雛てまり」を、特製の「雛井籠《ひなせいろう》」に詰め合わせて販売される。「井籠」とは、御所などにお菓子を届ける際に使われたお通箱《かよいばこ》のことで、とらやに残る一七七六年の蒔絵の重箱「雛井籠」を模した化粧箱が使われている。ちなみに、とらやの手提げ袋などのデザインは、この井籠から取られたとのこと。一段から五段まで好きな数だけ重ねて購入できる。

販売●2月25日より一部店舗にて順次発売（3月3日まで）／お取り寄せ不可
◆とらや（店舗については、1に同じ）

12 利休饅 朧仕立て 34ページ

「利休饅」は三月二十八日の利休忌の追善茶会において、武者小路千家で用いられる。薬まんじゅうの表面の薄皮をはがしておぼろ状にしたもので、こしあんも風味がいい。

販売●このお菓子は武者小路千家の特注品のため、一般販売は行なっていない。
◆とらや（店舗については、1に同じ）

13 利休巻 36ページ

川口屋は、元禄年間創業という名古屋の老舗和菓子店。「利休巻」は、先代が昭和三〇年代に作り始め、その味と製法を今も継承している。利休まんじゅうの皮には黒糖を入れるが、川口屋の「利休巻」の皮にはたまり醤油が入れられ、十勝の契約農家が作る小豆との取り合わせが独特のこくを生んでいる。

販売●3月中旬～／お取り寄せ　可能
◆川口屋
9時半～17時半
日曜、祝日、第3月曜休み
電話　052-971-3389
愛知県名古屋市中区錦3-13-12

14 長命寺桜もち
38ページ

「長命寺桜もち」は、創業者山本新六が享保二（一七一七）年に隅田川の土手の桜の葉を塩漬けにして試みに桜餅を考案し、向島の名跡長命寺門前にて売り出したのが始まり。小麦粉のたねを銅板で薄く焼き、こしあんを二つ折りに挟んで桜の葉二～三枚で包んでいる。

販売●通年／お取り寄せ　不可
◆長命寺桜もち
8時半～18時。月曜休み
電話　03-3622-3266
東京都墨田区向島5-1-14

15 花衣
40ページ

塩野の製する和菓子「花衣」は、薄紅に染めたういろう生地をたたみ、黄身あんを包んだしなやかな姿が桜の花を思わせる。

販売●3月4日（日曜の場合は3月5日）～4月中旬／お取り寄せ　可能
◆塩野
9時～18時（土曜、祝日は17時まで）
日曜休み
電話　03-3582-1881
FAX　03-3582-1882
東京都港区赤坂2-13-2

16 花見団子
42ページ

器は一七世紀頃の中国・景徳鎮の古染付。花見の宴になぞらえて、奏楽の絵皿を取り合わせた。琵琶を奏する人物を弁財天に見立てるのも一興。茶席では、懐紙や皿に団子を取ってから一つずつ黒文字で外していただき、串は持ち帰る。武者小路千家からほど近い京都・西陣の地に店を構える塩芳軒《しおよしけん》は、一八八二年創業の御菓子司。黒染の長のれんが目印の店舗は、大正初期の建築。「花見団子」は予約のみの販売だが、店舗でお茶と一緒にいただけることもある。詳細はホームページにて告知。

販売●3月中旬～4月（要予約）／お取り寄せ　不可
◆塩芳軒
9時～17時半
日曜、祝日、月1回水曜休み（不定）
電話　075-441-0803
京都市上京区黒門通中立売上ル飛騨殿町180

17 初かつを
44ページ

美濃忠《みのちゅう》は、初代尾張藩主の頃から御用の菓子屋を勤めた桔梗屋よりのれん分けされ、安政元年（一八五四年）に創業。「初かつを」は早春から初夏に販売される季節羊羹で、葛を原料とし、昔ながらの製法で蒸し上げている。添えられている糸を二重によって切り分けると、断面にカツオの切り身のような波紋が現われる。七切れ八切れと指定すれば、あらかじめ切って用意してくれるとのこと。

販売●2月上旬～5月下旬／お取り寄せ　可能
◆美濃忠
9時～18時。無休（元日を除く）
電話　052-231-3904
FAX　052-231-1804
愛知県名古屋市中区丸ノ内1-5-31
（本店）

18 道喜粽
46ページ

川端道喜《かわばたどうき》の「道喜粽」は吉野葛で作ったちまきを笹の葉で包み、藺草《いぐさ》で巻き締め、五本一束として作られる。透明の「水仙粽」のほかに、こしあんを練り込んだ「羊羹粽」がある。

販売●通年（要予約）。ただし、12月中旬～1月いっぱいと8月を除く／お取り寄せ　不可
◆川端道喜
9時半～17時半。水曜、8月休み
電話　075-781-8117
FAX　075-781-8127
京都市左京区下鴨南野々神町2-12

19 葛ふくさ　48ページ

「葛ふくさ」は、大阪高麗橋で十七代続く老舗・菊壽堂義信《きくじゅどうよしのぶ》が調製する銘菓。大納言の小豆あんと求肥を黒川本家の吉野葛で四角く包んだもの。

販売●6月〜9月（要予約）／お取り寄せ　可能
◆菊壽堂義信
10時〜16時半。土曜、日曜、祝日休み
電話　06-6231-3814
大阪市中央区高麗橋2-3-1

20 みよしの　50ページ

樫舎《かしや》は元興寺に近い奈良町に店を構える和菓子司。看板商品である葛焼き「みよしの」は、奈良吉野の極上の本葛と丹波小豆のこしあんで作っており、通年求めることができる。今回は材料に白小豆を用いて五月の「早苗の緑」をイメージした。このように主人と相談すれば、季節によって趣向を変えてもらうことも可能。

販売●通年／お取り寄せ　可能
◆樫舎
9時〜18時。無休
電話　0742-22-8899
FAX　0742-22-8899
奈良県奈良市中院町22-3

21 更衣　52ページ

「更衣」はあんにもち粉と新粉を混ぜて蒸し上げ、和三盆糖をもみ込んだもの。表面にも和三盆糖を薄く掃いており、涼やかな夏の衣を思わせる。

販売●5月30日〜6月1日（一部店舗）／お取り寄せ　不可
◆とらや（店舗については、1に同じ）

22 業平傘　54ページ

岬屋は、川端道喜の流れを汲む東京赤坂の老舗菓子司・ちまきや東洛堂で修業した初代が一九三三年に開業。現在は三代目の渡辺好樹さんがすべての菓子全般を制作。「業平傘」の生地は、小麦粉と砂糖に桂皮末（ニッキの粉末）を加えて薄く焼き上げるが、一定の湿度がないと工程中に生地が破けてしまうことがあり、「梅雨の時期でないと作りづらい」（渡辺さん）とのこと。

販売●6月〜（要予約）／お取り寄せ不可
◆岬屋
10時〜16時。日曜、月曜（節句、彼岸を除く）休み、夏季休業あり
電話　03-3467-8468
東京都渋谷区富ヶ谷2-17-7

23 笹ほたる　56ページ

紫野和久傳《むらさきのわくでん》の「笹ほたる」は、白小豆の抹茶あんとほうじ茶の琥珀羹を、夏の夕べの笹に集う野辺の蛍狩りに見立てた羊羹。販売期間は五月から八月末日まで。

販売●夏季のみ（各店舗、オンラインショップ）／お取り寄せ　可能
◆紫野和久傳
10時〜19時。無休（元日を除く）
電話　075-223-3600
FAX　075-223-3601
京都市中京区堺町通御池下ル丸木材木町679（堺町店）

24 水仙青柳　58ページ

かつて、葛切とは葛の粉を練り上げ黄と白の短冊状に作ったお菓子であり、その色合いが水仙の花色を思わせたことから「水仙羹」と呼ばれていた記録が残っている。このことから、葛粉を使ったお菓子に「水仙」の名称を冠することになったと伝わる。

販売●5月〜6月半ば頃（2023年は販売予定なし）／お取り寄せ　不可
◆とらや（店舗については、1に同じ）

25 水無月　60ページ

明治三六(一九〇三)年創業となる京華堂利保《きょうかどうとしやす》は、主に武者小路千家の御用を勤める御菓子司。二〇二二年に閉店となったが、名物の銘菓「濤々《とうとう》」(118ページ)は、祇園の鍵善良房に受け継がれている。

◆京華堂利保（2022年1月31日に閉店）

26 あゆ　62ページ

中村軒は、明治一六(一八八三)年創業。初代中村由松が桂離宮に近い山陰街道沿いでまんじゅう屋を始めたことが起こり。「あゆ」は、一枚ずつ職人が手焼きし、中に入っている求肥は、餅粉に水を加えて蒸し、砂糖を加えて丁寧に混ぜながら炊き上げる。

販売●初夏～盛夏／お取り寄せ　可能

◆中村軒
8時半～17時半
水曜休み（祝日の場合は営業）
電話　075-381-2650
京都市西京区桂浅原町61

27 珠玉織姫　64ページ

京都大徳寺近くにある松屋藤兵衛の製する「珠玉織姫」は、五色の小粒菓子で、白糖を白いすり蜜にし、中に寒梅粉を入れて混ぜたものをちぎって丸めている。梅肉、ゆず、しょうが、ごま、肉桂の五種類の風味が特徴。

販売●通年／お取り寄せ　可能

◆松屋藤兵衛
9時～18時。木曜休み（祝日の場合は営業、水曜不定休）
電話　075-492-2850
京都市北区紫野雲林院町28

28 行者餅　66ページ

山伏の鈴懸に似せて短冊形に折り畳んだクレープ皮に包まれているのは、薄く切った求肥餅と粉山椒を混ぜた白みそあん。とろとろとあふれ出さぬよう、茶席での食べ方には注意が必要。祇園祭は一時期（一九六六～二〇一三年）、前祭（七月十七日巡行）と一週間後の後祭をとりまとめて行なっていたため、「行者餅」は一九六六年以来、七月十六日に販売している。本来の形に戻った今は、後祭の役行者山にお供えする分だけ、七月二十三日に特製しているという。

販売●7月16日のみ（予約不可）／お取り寄せ　不可

◆柏屋光貞（店舗については5に同じ）

29 したたり　68ページ

「したたり」は京都の菓子司・亀《かめ》廣永《ひろなが》の銘菓で、祇園祭の山鉾の一つ、菊水鉾に供されるお菓子。寒天の棹物で、国産の黒砂糖のほかに水あめ、和三盆などが使われている。見た目も清涼感があり、「したたる」ような食感を楽しめる。

販売●通年／お取り寄せ　可能

◆亀廣永
9時～18時。日曜、祝日休み
電話　075-221-5965
FAX　075-221-5965
京都市中京区高倉通蛸薬師上ル和久屋町359

30 浜土産　70ページ

「浜土産」は蛤の貝殻の中に、琥珀色の寒天を閉じ込めたお菓子。亀屋則克《かめやのりかつ》の初代が考案。檜葉をあしらった磯馴籠の中に入っている。

販売●5月中旬～9月中旬（予約可）／お取り寄せ　可能

◆亀屋則克
9時～17時
日曜、祝日、第3水曜休み
電話　075-221-3969
京都市中京区堺町通三条上ル

31 甘露竹 72ページ

小豆と寒天と砂糖と塩で作られた水ようかん。青竹と笹の葉の移り香が清涼感を演出する。笹をほどき、添えられたキリで竹の節に穴を開け、そっと器に振り出す。鍵善良房《かぎぜんよしふさ》は、享保年間に京都・祇園で創業。「くずきり」「菊寿糖」などで知られる。

販売●4月〜9月中旬（青竹の入手が困難になると終了）／お取り寄せ　可能
◆鍵善良房
9時半〜18時
月曜休み（祝日の場合は翌日休み）
電話　075-561-1818
FAX　075-525-1818
京都市東山区祇園町北側264番地

32 水ようかん 74ページ

越後屋若狭は、江戸中期（一七四〇年頃）創業、大名家への出入りが許された老舗菓子舗。明治大正期には多くの政治家や文人がひいきにした。水ようかんをはじめすべての菓子が予約販売のみ。水ようかんは、桜の若葉が入手できる五月下旬からの夏季限定販売。

販売●5月下旬〜9月初旬（要予約）／お取り寄せ　不可
◆越後屋若狭
10時〜17時。日曜、祝日休み
電話　03-3631-3605
東京都墨田区千歳1-8-4

33 鼈甲羹 76ページ

花乃舎は、三重県桑名市で明治七（一八七四）年より続く和菓子店。季節の上生菓子は、名古屋での茶会にも多く用いられる。「鼈甲羹」は花乃舎オリジナルの棹菓子。

販売●5月中旬〜8月／お取り寄せ可能
◆花乃舎（店舗については、4に同じ）

34 栗粉餅 78ページ

「栗粉餅」の菓銘の初出は元禄一三（一七〇〇）年と古い。御膳あん（こしあん）を求肥で包んだあん玉に、裏ごしした栗と白あんを混ぜたそぼろをつけたもの。

販売●9月上旬〜10月末日（一部店舗）。ただし、栗の収穫状況により販売期間が変更となる場合もある／お取り寄せ不可
◆とらや（店舗については、1に同じ）

35 栗餅 80ページ

取り合わせた皿の素材・栗の木は、水に強く美しい木理が出る。村瀬治兵衛の工房では「経年変化の味わいに優れ使い込むほどにみごとな栗色飴色に色づき風合いを増す」ことからよく用いられる。護国寺月光殿改修工事完成を記念した銘々皿。

販売●例年9月1日〜12月半ば。栗の収穫状況によって前後することもある（予約可）／お取り寄せ　不可
◆出町ふたば
8時半〜17時半
火曜、第4水曜（祝日の場合は翌日）、正月は休み
電話　075-231-1658
FAX　075-231-1696
京都市上京区出町通今出川上ル青龍町236

36 秋草 82ページ

両口屋是清《りょうぐちやこれきよ》の「秋草」は、新栗とこしあんをわらび粉の皮にくるみ、氷餅（餅を水に浸して凍らせ、寒風にさらして乾燥させたもの）をまぶしたお菓子。新栗の産地は、熊本から約三か月かけて徐々に北上するとのこと。

販売●9月1日〜月末／お取り寄せ不可
◆両口屋是清
9時〜17時。水曜休み
電話　052-834-6161

愛知県名古屋市天白区八事天道３０２
（八事店）

37 麦代餅　84ページ

器は尾形乾山作、絵替りで笹や松、竹などが描かれた五枚組の一枚。都の鄙ともいうべき皿の風情を、素朴な「麦代餅」に取り合わせた。都人が理想とした田舎の風情を具現化した地が桂離宮。その門前に明治一六年創業したのが中村軒。「麦代餅」の賞味期限は当日限りなので、地方発送は行なっていない。

販売●通年／お取り寄せ　不可
◆中村軒（店舗については26に同じ）

38 着せ綿　86ページ

鍵善良房は、江戸中期に祇園で創業した老舗菓子舗。季節の上生菓子をはじめ、名物の「くずきり」や和三盆を使った押物の干菓子「菊寿糖」などが有名。また二〇一二年には和菓子とモダンなカフェを融合したZEN CAFEをオープンするなど、現代に即した試みを続けている。

販売●9月／お取り寄せ　不可
◆鍵善良房（店舗については31に同じ）

39 千代見草　88ページ

「千代見草」は、白小豆のこしあんとつくね芋を合わせた練切をベースに、中央の黄(土用)には丹波大納言の粒あん、上の紫(水)には熊本利平の栗あん、右の緑(木)には丹波大納言のこしあん、下の紅(火)には備中白小豆のつぶあん、左の白(金)には鳴門金時のこしあんが、それぞれ包まれている。樫舎は奈良町に店舗を構える和菓子司。茶事の菓子など、相談に応じて確かな提案をすることで定評がある。

販売●9月中旬～11月（予約可）
◆樫舎（店舗については、20に同じ）

40 山土産　90ページ

太宰府の「御菓子所　藤丸」が作った麩のやき。麩、そば粉などを使ったクレープ状の生地の中にあんを包み、松ぼっくりの焼き印が押されている。

販売●「山土産」は蘆聚茶会のためのお菓子ですが、茶事・茶会のためのお菓子は、麩のやきをはじめ、すべてお客さまとやりとりのうえで作られています。
◆藤丸
9時～16時半。日曜、祝日休み
電話　０９２-９２４-６３３６
福岡県太宰府市宰府3丁目4-33

41 古代山川 いろは煎餅　92ページ

「古代山川」は、松平不昧が詠んだ「散るは浮き散らぬは沈む紅葉葉の影は高尾の山川の水」を引き歌として作られた打菓子。「古代」とは従来の山川に、和三盆を用いたことにより名づけられた。「いろは煎餅」は熱した鉄板に水溶きした小麦粉を垂らして焼いたもので、ほのかなみそ風味が特徴。

販売●「古代山川」は通年(要予約)、「いろは煎餅」は不昧公没後二百年祭記念菓として復刻製造されもので、一般販売は行なっていない／お取り寄せ「古代山川」は可能
◆風流堂
9時～18時。1月1日、第1日曜休み
(変更の場合あり)
電話　０８５２-２１-３２４１
FAX　０８５２-２１-９０６３
島根県松江市寺町１５１

42 亥の子餅　94ページ

「亥の子餅」は古くは平安時代に中国から伝えられたもので、五穀豊穣、無病息災などを祈願

して旧暦十月初亥の日に食したと伝わる。小豆、ごま、栗、干し柿などを使った素朴な形のお菓子。両口屋是清には、ピンクと白の二種類がある。

販売●旧暦十月（亥の月）に発売。詳細はお問い合わせのこと／お取り寄せ不可
◆両口屋是清（店舗については、36に同じ）

43 ふきよせ　96ページ

末富は、一八九三年に京都の亀末廣より別家し創業。各宗本山の御用や茶道各家元にも出入りを許されており、季節の蒸菓子のほか、干菓子やせんべいを製している。お菓子を包む包装紙の意匠は、戦後まもなく二代目山口竹次郎が日本画の池田遥邨に依頼したもので、上品な発色の青色は「末富ブルー」と呼ばれている。

販売●10月下旬～11月下旬／お取り寄せ　可能
◆末富
9時～17時。日曜、祝日休み
電話　075-351-0808
FAX　075-351-8450
京都市下京区松原通室町東入

44 木守　98ページ

三友堂は元高松藩士三名によって明治五（一八七二）年に創業。今もその子孫が跡を継いでいる老舗の菓子舗である。干し柿を使った「木守」であるが、一年中販売されている。関東大震災で粉々に壊れた茶碗「木守」の破片は、武者小路千家十二代愈好斎の元へと届けられ、それを取り込む形で蘇り、再び松平家に献上された。それより以前から、樂家と武者小路千家では代々「木守」の写しを作り続けている。その一事からも、「木守」がいかに利休と長次郎の美意識や規範を伝える重要な茶碗であったかがわかる。

販売●通年／お取り寄せ　可能
◆三友堂
9時～18時半。1月1日休み
電話　087-851-2258
香川県高松市片原町1-22

45 虎屋饅頭　100ページ

「虎屋饅頭」は、明治三九（一九〇六）年に復刻販売を始めたと、とらやの記録に残る酒まんじゅう。種々工夫を重ね、製法は代々受け継がれている。もち米と麹を使い数日間かけて元種を作ることで、独特な酒の香りを楽しむことができる。

販売●11月上旬～3月中旬（一部店舗）。掲載写真は40gのもの。赤坂店では60gのものを販売／お取り寄せ　不可
◆とらや（店舗については、1に同じ）

46 黄味瓢　102ページ

器は、鉋《かんな》ではつった削り跡「鉋目」を生かした朱漆塗りの皿。見込みには、武者小路千家九世好々斎筆になる「喝」の文字がある。黄の色が映え、年の瀬の茶席に温かみを添える器を取り合わせた。空也は、明治一七（一八八四）年、上野池之端で創業。戦災により焼失した後、銀座六丁目の現在の場所に移った。夏目漱石や林芙美子ら、明治の文豪や名優らに愛され、著作にもたびたび登場している。

販売●11月～4月（予約可）／お取り寄せ　不可
◆空也
10時～17時（土曜は16時まで）
日曜、祝日休み
電話　03-3571-3304
東京都中央区銀座6-7-19

47
キャロル
104ページ

こしあんを芯にきんとんで円錐状のツリーをかたどり、デコレーションにはこなしの玉、てっぺんに寒天製の星が飾られている。白い「キャロル」のほかに緑の「聖夜」もあり、サイズも各二種類。緑の小サイズ（星は練切製）以外は予約販売のみ。

販売●12月中旬～（要予約）／お取り寄せ　不可
◆末富（店舗については、43に同じ）

48
埋火
106ページ

「埋火」は懐石料理「招福楼」が製する生菓子。黒豆製のきんとんの中に丹波白小豆の紅あんを包んでおり、赤い火種に灰をきせた風情を醸している。

販売●「埋火」の販売については、電話にてお問い合わせのこと。
◆招福楼
電話　0748-22-0003
滋賀県東近江市八日市本町8-11

49
千代の糸
108ページ

「千代の糸」は松華堂菓子舗の代表的なお菓子。おだまきという道具を使い、紅白の薯蕷あんを細く長く押し出して白あんに巻いたもの。銘はよきことが千代に八千代に続くようにとの願いが込められている。三重県特産の伊勢芋ならではの、しっとりとした味わい。

販売●10月～4月／お取り寄せ　不可
◆松華堂菓子舗
8時半～17時半。水曜、第3火曜、1月1日、2日休み（ただし桃の節句、端午の節句、お盆、12月後半は休まず営業）
電話　0569-21-0046
FAX　0569-22-9828
愛知県半田市御幸町103

50
洲濱
110ページ

二〇一八年十一月、京都御所近くに開店した「すはま屋」は、「植村義次」時代の看板を受け継ぐ洲濱の専門店。店内で香り高いコーヒーとのセットもいただける。「洲濱」の持帰りは二日前までの予約が必要。同じ生地を小さく丸めて砂糖をまぶした「春日の豆」なら予約なしで購入可能。

販売●通年（2日前までに要予約）／お取り寄せ　冬季のみ可能
◆すはま屋
10時～17時半
日曜、祝日、第2、第4水曜休み
電話　075-744-0593
京都市中京区丸太町通烏丸西入常真横町193

51
招福袋、宝来袋
112ページ

器を手がけた加藤静允氏は、京都在住の小児科医にして作陶家。染付をはじめとして古陶にならいつつ本歌を超えた詩情あふれる作品で知られる。白いういろうで包んだ「招福袋」には、紅で染めた白あんが、紅色の「宝来袋」の中にはしょうが風味の白あんが入っている。

販売●このお菓子は武者小路千家の特注品のため、一般販売は行なっていない。
◆とらや（店舗については、1に同じ）

52
清浄歓喜団
114ページ

奈良時代に「唐菓子《からくだもの》」として伝来した姿を今に伝える。当時の中身は栗や柿、杏などの木の実を甘草、甘葛などの薬草で煮たものだったが、江戸時代の中頃から小豆あんを包むようになった。練り込まれる香は、白檀、丁字など七種類。調合は秘伝とされている。亀屋清永は元和三（一六一七）年創業。「清浄歓喜団」の製造にあたっては、精進潔斎の上、白衣の上から塗香して臨むとのこと。毎月一日と十五日に調製される。お供えのおさがりなどでかたくなった「清浄歓喜団」は、オーブントースターなどで一度あぶると香ばしく食べやすくなる。

販売●通年／お取り寄せ　可能
◆亀屋清永
8時半〜17時
水曜休み（そのほかに不定休あり）
電話　075-561-2181
FAX　075-541-1034
京都市東山区祇園石段下南

53
味噌松風
116ページ

京都御所堺門ほど近くに店舗を構える松屋常盤《まつやときわ》は、承応年間創業の禁裏御菓子匠。後光明天皇より「山城大掾《だいじょう》」の官位を拝領したあかしが、「山城松屋」と染め抜かれた白い麻のれんに残る。「味噌松風」は、西京味噌に小麦粉を練り混ぜて香ばしく焼き上げたシンプルな焼き菓子だけに、三日以内に食べきりたい。

販売●通年（予約可）／お取り寄せ　不可
◆松屋常盤
9時半〜16時。年始のみ休み
電話　075-231-2884
FAX　075-231-2884
京都市中京区堺町通丸太町下ル橘町83

54
濤々
118ページ

利休所持と伝わる唐物内朱盆は、骨董の目利きであった実業家・朝吹英二より、同じく明治の実業家である数寄者・益田鈍翁の太郎庵新築に際して祝いの品として贈られた。鈍翁の茶事でたびたび使われた記録が残る。利休による漆書付「諗子曰　嗟惜哉一盆（盞）茶」（ああ惜しむかな、一服のお茶）にある諗子とは、「喫茶去」で知られる唐代の禅僧・趙州和尚（趙州従諗）とされる。「濤々」は、有隣斎とともにお菓子創出に携わった京華堂利保閉店により、二〇二二年四月より鍵善良房に受け継がれた。

販売●通年／お取り寄せ　可能
◆鍵善良房（店舗については31に同じ）

【お菓子とお店の索引】

●お菓子

●お店

デザイン　川﨑洋子
取材・文　井上雅惠
校閲　位田晴日
編集　鈴木百合子（文化出版局）

本書は、雑誌『ミセス』（文化出版局）2017年1月号～2021年4月号に連載された「千 宗屋の和菓子十二か月」をもとに、未掲載分、撮りおろしを加えて加筆し、再編集したものです。

千 宗屋の和菓子十二か月

2022年12月8日　第1刷発行

著者　千 宗屋

発行者　清木孝悦

発行所　学校法人文化学園 文化出版局
〒151-8524 東京都渋谷区代々木3-22-1
電話03-3299-2479（編集）　03-3299-2540（営業）

印刷・製本所　株式会社文化カラー印刷

文化出版局のホームページ　https://books.bunka.ac.jp/